近代云南
社会风尚变迁研究

JINDAI YUNNAN SHEHUI FENGSHANG BIANQIAN YANJIU

盛美真 著

中国社会科学出版社

图书在版编目(CIP)数据

近代云南社会风尚变迁研究/盛美真著.—北京:
中国社会科学出版社,2011.8
ISBN 978 - 7 - 5161 - 0164 - 3

Ⅰ.①近… Ⅱ.①盛… Ⅲ.①社会风尚 - 研究 - 云南省 - 近代
Ⅳ.①D693.9

中国版本图书馆 CIP 数据核字(2011)第 196755 号

责任编辑　张　林(mslxx123@ sina. Com)
特约编辑　蓝垂华　金太顺
责任校对　单元举
封面设计　李尘工作室
技术编辑　戴　宽

出版发行　中国社会科学出版社
社　　址　北京鼓楼西大街甲 158 号　　邮　编　100720
电　　话　010 - 84029450(邮购)
网　　址　http://www.csspw.cn
经　　销　新华书店
印　　刷　新魏印刷厂　　　　　　　装　订　广增装订厂
版　　次　2011 年 8 月第 1 版　　　　印　次　2011 年 8 月第 1 次印刷
开　　本　880 × 1230　1/32
印　　张　8.375
字　　数　218 千字
定　　价　32.00 元

序　言

　　关于近代中国社会风尚的研究，早已是学界所熟知的领域，并有不少经典著作问世。但对于近代云南社会风尚变迁问题的研究，该书应该是近代云南地方史研究中具有开创性的作品。考虑从这个视角为盛美真君设定博士论文选题，源于我在华中师大历史研究所攻读博士学位时，对严昌洪教授研究方向的关注，并使我对云南地方学者从未有人涉足这一令人着迷的领域而深感缺憾。有幸我师从朱英教授攻读的是中国近现代社会经济史方向，毕业后，在对云南大学近代史博士点的研究方向选择上，也仍承继了导师的衣钵，因为我热衷于从社会史学这种更宏阔、更人文化的视野，来寻找经济与政治、思想文化等的内在关联，并希冀通过某种新的综合，以在一定程度上弥补长期以来由社会科学各专业的细化而导致的、对人类社会实存状况完整性认识的人为缺损，而这同时也就为对近代云南社会风尚变迁问题的探究留有了空间。毕竟，谈到社会风尚，很直观地就能感知，它是一个与社会政治、经济、思想文化、风俗等密切关联的范畴。由此，根据学人的不同学历背景对同一主题作出因人而异的不同解读，或许也是当下创新并丰富近代史学研究方法的途径之一。而本论题就是根据作者经济学的学历背景提出并设计的。

　　但正由于该书稿具有的开创性研究特点，使研究过程本身就充满了某些不确定性因素。首先，由于前期研究的缺乏，使面对堆积如山的近代各种史、志、档案、杂志、报纸等资料，亦很难集中地挖掘到与本论题相关的记载，只能在对大量史料的攀爬梳理中进行一种"碎片"的拼凑，对此，作者可说是煞费心力。其次，近代关于全国性或地方性的同类研究并不少见，但怎么才能在这么一个小小的博士论文框架内，既能反映近代云南社会风尚变迁的概貌，又能从细微之处凸显云南的地方特色，这确实是我们苦苦思索的方面。当然，史学的研究不能仅凭学者个人的主观思考，其间"论从史出"亦始终是我们秉承的准则。最终在经过长时期的反复琢磨和修改，才得出目前呈现给读者的这本书的基本框架结构。本书显然有着不同于学界同类研究的结构特点，且由于篇幅限制，其中也很少涉及直接的事件或个案，但相信通过对本书的阅读，能使读者对近代云南社会风尚变迁的演变趋势、内在动力、与沿海相较的边疆多民族地区特征、政府与民间力量的作用和对云南社会近代化的重要影响等获得基本的把握。

此外，正由于本书是云南地方史研究中的一个初创领域，使它必定会存有这样或那样的瑕疵。并且，我认为经济学关于"机会成本"的概念，或许也同样适用于揭示学术领域中关于研究视角选择的境况：即在具体研究中，当对研究对象作出任何一种向度的既定选择时，也同时意味着对其他向度探究意义的损失。况且研究中因研究者学识背景和认知能力的不一，或许还会存有对史料解读程度的偏差甚或歧义性问题等等。对此，亦恳请业内同仁能不吝赐教。

陈征平

2011 年 7 月 6 日于昆明龙泉路云南大学教职工小区

目　录

导　论

一　研究缘起及意义

（一）选题缘起

历史唯物主义的奠基人马克思曾预言"现代历史著述方面的一切真正进步，都是当历史学家从政治形式的外表深入到社会生活深处时才取得的"。① 西方"新史学"也极力主张研究"从下往上看的历史"（history from below）或"从底层往上看的历史"（history looking from bottom upwards），即主张研究普通大众的历史、大众的日常生活史和文化、心态的历史。改革开放之后，随着学术界在历史研究领域的不断深入和拓展，普通民众的衣食住行、婚丧嫁娶、娱乐等日常生活，逐步进入中国研究者的视野并成为学者们近年研究的关注热点。

受上述认识、理论和研究发展趋势的影响，笔者在导师指引下选定云南民众社会生活领域中的"风俗民情"作为初步研究方向。在学习和阅读中逐步对表征于人们日常生活的社会风尚产生了初步兴趣，便开始留意有关记载，在广泛阅读近代云南方志及文集、笔记史料、日记、游记，以及心理学、社会学

---

① 《马克思恩格斯全集》第 12 卷，人民出版社 1962 年版，第 450 页。

的有关理论书籍与研究成果的过程中，发现云南有关民众的衣食住行、婚丧嫁娶、娱乐等日常生活的史料反映出的问题与目前的研究存在一定差异，有关社会风尚变迁的研究，无论是在云南地方史还是在全国近代史研究中都显得比较薄弱。在此过程中逐渐产生了在综合各类史料记载及前人相关研究成果的基础上，从社会历史发展变迁的角度，选取史料记载较多的近代，研究云南社会风尚变迁。对近代云南社会风尚在不同时期的变化，促使近代云南社会风尚变迁的动力，与沿海地区社会风尚变迁相比所具有的类型特点，政府、民间组织促进近代云南新型社会风尚渐趋稳定中的作用及风尚变迁与云南近代化进行研究，力图通过社会风尚透视云南的近代社会变迁，便成为笔者博士论文的终极目标。

在此需说明的有两点：一是社会风尚的概念界定。本书的社会风尚，是指一定历史时期一定区域环境中多数成员在社会日常生活中崇尚的社会意识和行为，其内涵包括了社会意识和社会行为两个范畴。社会风尚是任何时代、任何社会都普遍存在的一种社会现象，随社会变化而变化，从总体上反映了那个时期社会生活的群体风貌和总体文明程度，除了孙燕京提出的四个特征[①]外，还具有复杂的二元规定性、明显的趋向性、强烈的传染性（或感染性）、鲜明的群体性（或社会性）的特征。社会风尚不同于社会风俗，其最大区别为"风尚是流行的东西，风俗是被时间凝固了的"[②]。但二者所借助的材料却常常一致。社会风尚也不同于社会风气，本书赞同陈志伟把风气划为

---

① "即时性和历史性"；"一定时期的社会认同性"；"多种社会风尚并存性"；"社会功能相异性"，参见孙燕京《晚清社会风尚研究》，中国人民大学出版社2002年版，第4—5页。

② 陈锡襄：《风俗学试探》，《民俗》1929年第57期。

风尚的属概念的理解，即"风尚包括社会成员在物质与精神两方面的追求，而风气更多的是指社会成员在精神方面的追求与趋向"。[①] 二是本研究的区域空间和时间范围界定。因选题是立足于"变迁"从宏观上来研究和把握近代云南社会风尚，故本研究的区域范围就仅限于社会风尚发生明显变化的一些地区，主要是城市（或城镇）地区、工商业较为发达及交通沿线一些农村地区，对没有明显变化的地区本书基本不予涉及。时间范围则限定在 1840 年鸦片战争爆发至 1949 年中华人民共和国成立前夕，即目前多数学者认同的"近代"时段。

（二）研究意义

浏览有关中国近代社会风尚的研究，则几乎都是以开风气之先的东部沿海地区为主要内容。这固然符合历史事实，即中国近代风尚变化从地域上看基本是以"五口通商"地区为契机逐步向外扩散为重要特征的。但从整个中国近代社会风尚变迁来看，其变化并不仅仅局限于东部沿海地区或发达地区，以云南为代表的西部民族地区，不仅在时空上与沿海一起跨入了近代，而且实际的变化内容也是很丰富的。由于中国地域十分辽阔，受自然地理、历史等因素影响，各地发展相当不平衡，沿海、沿江地区与边疆省份的社会风尚变迁也必然不同且可能存在较大差异，这一特点要求我们在研究近代中国社会风尚变迁史时，不能忽视对各个区域史的考察与分析，因此研究中国近代社会风尚的发展变迁，不能不研究中国的西部民族地区。而要深入研究中国近代西部民族地区的社会风尚变迁史，就不能

[①] 参见陈志伟《北朝社会风尚诸问题研究》，吉林大学博士学位论文，2009年，第 7 页。

不关注云南，否则对近代中国社会风尚变迁史的研究就只能是僵化的、脱离中国实际的。

云南作为西南边疆的一个多民族省份，近代社会风尚变化的历史条件和进程既有与沿海地区相似的地方，也有其自身的独特性。其相似之处表现在：变化的历史条件方面，都是在西方文化的冲击影响下发生了不同于近代以前的质的变化；从变化的路径来看，基本都是由城市（镇）到乡村、由社会群体的上层到普通民众的阶段性推进；从变化的特征来看也都具有显著的城乡差异、群体差异，同时在变化的过程中也都呈现出多元、多种性质并存的状态，即既有封建旧风尚又有资本主义新风尚，既有大量的传统社会保留下来的带有各个时代特征的社会风气，又有腐朽没落的不良风气，还有不断成长着的文明进步的时代新风尚。

其独特性方面主要表现在三个方面。首先，交通条件改善是近代云南社会风尚变迁的重要契机。因为云南地处高原，全省山区、半山区约占土地面积的 94%，坝区仅占 6%左右，"滇省跬步皆山"的自然地理环境阻隔了云南与内地的交往，以至于 1840 年鸦片战争之后 40 余年，西方资本主义的冲击和影响对偏于西南一隅的云南还几无影响。其次，因受少数民族文化的影响，近代云南社会风尚变迁具有民族特殊性特征。民国时期政府和民间组织开展的大规模劝禁妇女缠足、改良社会风尚的活动，对云南许多少数民族妇女几无影响，甚至她们还不自觉地扮演了新风尚的引领者，因为少数民族地区往往因自然条件比较恶劣，妇女必须和男人同时参与劳动才可能满足生产生活的需要，因此妇女便没有缠足的习尚，而是崇尚天足。如福贡设治局"夷民向无神祠朝宇，亦无神权迷信观念，妇女均跣足不履，向无缠足陋习……性爱平等，尚无蓄婢风气"，① 宁江设治局"地处边陲，居民多为僰夷、阿卡、猡黑等族，其妇女素无缠足习俗，以故全属天足"，② 河西县蒙古族"喜劳动善勤俭，女子全是天足"③ 等。再如婚姻观念方面，瑞丽设治局的摆夷族（今傣族）"婚姻竞尚自由恋爱"、阿昌族"婚姻崇尚自由"，麻栗坡的白苗"每年暮春之际，天气晴朗之日，择平原之地为娱乐场，男女歌舞，名曰踩山，意合即成婚姻"④ 等。再次，近代云南社会风尚变迁具有不同于沿海地区风尚变迁的历史阶段性。受自然因素和交通条件的限制，清末民初云南社会风尚的变迁与沿海地区相比明显滞后，到抗日战争时期，云南成为抗战的后方重镇，随着沿海及内地大批人员和企业的迁入，以昆明为中心的城市社会风尚的变迁又渐趋近于全国社会风尚变化。然而对于具有西部边疆和多民族特征的近代云南社会风尚变迁之丰富内涵，到目前为止尚没有专门、系统的研究，其资料仍然零散见于地方文献及档案资料中，有待于发掘整理并做出系统、专门的研究。因此，笔者选题"近代云南社会风尚变迁"进行尝试性的研究，一方面可以在一定程度上弥补学术研究上的不足，拓展对中国社会史研究的广度和深度；另一方面研究这些问题并得出基本的历史经验、教训，或许也能提供以史为鉴的理论指导意义，对今天社会转型时期西部民族地区在和谐文化建设中培育文明

---

①　云南省民政厅档案，"各县改良风俗卷"，卷宗号"11—8—116"，云南省档案馆馆藏。

②　云南省民政厅档案，"各县呈报改良不良风俗报告"，卷宗号"11—8—117"，云南省档案馆馆藏。

③　云南省民政厅档案，"河西县西南边区调查表"，卷宗号"11—8—10"，云南省档案馆馆藏。

④　云南省民政厅档案，"少数民族调查"，卷宗号"11—8—10"，云南省档案馆馆藏。

风尚具有借鉴参考价值。

二　学术回顾

许世英在为《中华全国风俗志》所作的序言里说:"中国风俗,古无专书,惟方志中略有所载,其散见于古今人笔记者,亦时时有之,顾其书卷帙繁多,非人人所能尽致,亦非人人所能尽读。是以留心风俗者,每苦无从考证。"[①] 较之风俗,风尚的研究则显得更为薄弱。

(一) 近20年来中国近代社会风尚研究述评

1978年改革开放之后,社会风尚成为社会史和社会学研究的重要内容之一。1996年郑仓元、陈立旭的《社会风气论》(浙江人民出版社1996年版)对社会风气进行了专门性理论探讨,2002年,孙燕京的《晚清社会风尚研究》由中国人民大学出版社出版,中国近代社会风尚研究取得历史性突破,同时也有一批专门及相关论文相继发表,对于中国近代社会风尚专门性及与社会风尚相关问题的研究逐步展开。迄今中国近代社会风尚的研究已获得一定的发展(尽管专门性研究成果不多,且多属于论文系列),现择其要者将其分成若干专题予以评述。

1. 社会风尚的理论界说

通观社会风尚的相关研究成果,学者们基本认同社会风尚与社会风气互通,[②] 或者认为社会风气是社会风尚的属概念,

---

① 胡朴安:《中华全国风俗志》,上海书店1986年版,许世英序。

② 但何梓焜则认为社会风尚和风俗习惯、党风、气质、作风同属社会风气的一个要素。见何梓焜《社会风气的特性与功能》,《现代哲学》1992年第1期。

即"风尚包括社会成员在物质与精神两方面的追求，而风气更
多的是指社会成员在精神方面的追求与趋向"，[①] 但对其含义尚
存争议，主要表现为以下几点：一是社会风尚的本质。一种观
点认为社会风尚是意识形态的产物，本质上属于社会意识研究
范畴。[②] 另一种观点则认为社会风尚是一种社会行为，即"是
一种普遍流行的社会行为"[③] 或是"人们的一种群体性的行为
选择"，[④] 是直接外化或体现社会意识的客观活动，也就是说，
社会风尚是一定历史阶段的社会存在，但与社会心理、价值取
向等社会意识密切相关，最终属于行为范畴。[⑤] 第三种观点则
认为社会风尚"是社会心理和社会行为的综合表现或者是社会
意识的直接产物，是社会存在的间接产物"，[⑥] 是"对人们的社
会意识、社会心理和社会行为的一种综合性的形象表述"。[⑦] 甚
至有些学者一度认为属于社会行为，一度又觉得具有社会意识
和行为的二重性，[⑧] 对社会风尚本质的不同理解使得对社会风

---

　　① 参见陈志伟《北朝社会风尚诸问题研究》，吉林大学博士学位论文，2009
年，第 7 页。

　　② 孙燕京：《晚清社会风尚研究》，中国人民大学出版社 2002 年版，第 3 页。
吴家清、杨远宏：《"社会风气"应纳入历史唯物主义范畴体系》，《华中师范大学
学报》1989 年第 6 期。王友福：《略论西安地区社会风气的历史变迁》，《西安文理
学院学报》（社会科学版）2007 年第 1 期。

　　③ 朱力：《社会风尚的理论蕴含》，《学术交流》1998 年第 4 期。

　　④ 李长莉：《十九世纪中叶上海租界社会风尚与民间生活伦理》，《学术月刊》
1995 年第 3 期。

　　⑤ 郑仓元、陈立旭：《社会风气论》，浙江人民出版社 1996 年版，第 3 页。
曹剑：《试析社会风气的根源》，《党校科研信息》1991 年第 3 期。

　　⑥ 段志强、李江涛：《论社会风气》，《安徽大学学报》（哲学社会科学版）
1985 年第 1 期。

　　⑦ 杨殿通、战勇、郑仓元：《略论社会风气》，《科学社会主义》1991 年第 4
期。

　　⑧ 郑仓元、陈立旭：《社会风气论》，浙江人民出版社 1996 年版，第 3 页。
杨殿通、战勇、郑仓元：《略论社会风气》，《科学社会主义》1991 年第 4 期。

尚外延的把握也千差万别。二是社会风尚与社会风俗的关系。多数学者认为二者既有联系也有区别。朱力认为社会风俗，亦称习俗。是人们在日常活动中经过多次重复而固定下来的、世代沿袭与传承的习惯行为模式。社会风尚与社会风俗的许多内容是相通的，反映的都是人们在日常生活中各种行为方式，尤其是人们交往中公共道德行为。① 孙燕京认为风尚与风俗的区别至少有四点，即从风尚的形成来看，一般来说，社会风尚的形成有多种方式，有的属于统治阶级的倡导，有的来自民间，有的源于外国文化，也有的是先进分子的倡导，而社会风俗一般起自民间，源于传统；风俗有较强的传承性，而风尚历史传承不那么明显；风尚有相当明显的变异性，而风俗往往是经过很长时间的历史沉淀、淘洗形成的；风尚时代感、现实感较强，而风俗往往不表现出明显的时代特征，而是带有较强的传统意味。② 郑仓元从存在状态、形成根源和方式、与人的行为的关系诸方面专文分析了社会风气与社会风俗的差异性，并指出它们在一定条件下是可以相互转化的。③ 但也有人把社会风尚与社会风俗混用、通用，认为"社会风尚具体表现为风俗习惯"。④

2. 各时期各地区社会风尚的变化及其原因

处于社会转型时期的中国近代，社会风尚的变化比较明显，这便成为研究者关注的重点。涉及的主要历史阶段有：清

---

① 朱力：《社会风尚的理论蕴含》，《学术交流》1998 年第 4 期。

② 孙燕京：《晚清社会风尚研究》，中国人民大学出版社 2002 年版，第 2—3 页。

③ 郑仓元：《论社会风气和风俗习惯的差异性》，《中共浙江省委党校学报》1997 年第 4 期。

④ 胡大泽、张轶楠：《论辛亥革命前后社会风尚的急剧变化》，《重庆教育学院学报》2006 年第 5 期。

末时期、民国时期或辛亥革命前后。其主要原因是清末至民国从制度层面对风尚的除旧革新导致该时期社会风尚变化较为明显。关于各地风尚的变化，涉及的地区有上海、北京、武汉、青岛、南京等东部沿海地区及其城市，[①] 除了上述地区外，风气晚开的内陆地区如江西、山西、陕西、四川地区也有学者在研究。[②] 研究内容既有总论全国的，也有专述某区域的，既有通史性质的，也有专题性质的（如就服饰风尚和饮食风尚等展开的研究[③]）。但是这些研究基本围绕风尚变化而写变化，缺少较深层次的挖掘和剖析，尤其是各地地方特点不突出，而对于变化原因也多属泛泛而论。

　　关于中国近代社会风尚的变化，孙燕京选取晚清时段进行了全面系统的研究，并分析指出晚清社会风尚发展的大致趋势是甲午战争前由"淳厚"到"浇漓"，在"浇漓"的过程中人们的价值认同发生了从"扬"到"洋"的变化，甲午战争后从

---

　　① 孙宏年：《试论民初江苏社会风尚的变迁》，《江海学刊》1999 年第 4 期。张敏：《试论晚清上海服饰风尚与社会变迁》，《史林》1999 年第 1 期。李长莉：《十九世纪中叶上海租界社会风尚与民间生活伦理》，《学术月刊》1995 年第 3 期。孙燕京：《略论晚清北京社会风尚的变化及其特点》，《北京社会科学》2003 年第 4 期。田龄：《德占时期青岛社会风尚的变迁》，《历史教学》（高校版）2007 年第 8 期。范小方、张笃勤：《汉口商业发展与社会风尚演化》，《中南财经政法大学学报》1988 年第 4 期。罗玲：《民国时期南京的社会风尚》，《民国档案》1997 年第 3 期。

　　② 施由明：《清代江西社会风尚》，《江西社会科学》1989 年专辑。殷俊玲：《清代晋中奢靡之风述论》，《清史研究》2005 年第 1 期。张晓红、郑召利：《明清时期陕西商品经济的发展与社会风尚的嬗递》，《中国社会经济史研究》1999 年第 3 期。郑维宽：《清代民国时期四川社会风气演变的过程及特点》，《成都大学学报》（社会科学版）2004 年第 4 期。

　　③ 饶明奇：《论近代华北农村服饰的变迁》，《郑州大学学报》（哲学社会科学版）1997 年第 5 期。饶明奇、祝军：《论近现代华北农村饮食的变迁》，《信阳师范学院学报》（哲学社会科学版）1999 年第 4 期。

"洋"到"新"。[①] 胡绳武等人认为民国时期的倾向是在崇洋、奢靡、虚华的同时,一股改革原有的不适应民主共和制度的旧习俗的潮流蔚然兴起。这些变化主要发生在城镇中受过新式教育或受西方文化思想影响比较深的人群里,但它所涉及的领域很广泛,显示出新旧变革的迅猛。它不仅猛烈地冲击着封建社会的上层建筑及其意识形态,也影响到人们日常生活的许多方面,形成了一股新的社会风尚,即放足剪辫、服饰和礼仪的改良等。[②] 而施由明则认为清代江西社会风尚则仍表现为俗尚朴实、劲健尚义、惯行古礼。[③] 显然由于地域的不同社会风尚的表现差异较大,之所以出现这一现象主要是引起社会风尚变化的诱因不同。通观主要的有关研究一般都认为物质环境的变迁是社会风尚变化的根本原因,对此范小方、张笃勤专门从商业的近代化这一引起汉口社会风尚发生急剧变化的根本原因展开论述。[④] 另外,文化环境的变迁、政治环境的改变、认知时空的拓展、人口移动的作用也是其变化的重要诱因。[⑤]

　　3. 社会风尚变化的基本特征

　　近年来,不少研究者围绕近代社会风尚变化的基本特征进行了有益的探讨。如孙燕京认为晚清社会风尚呈现一种多元的、多种性质并存的状态;呈现一种实用主义、"功利"的色

　　① 孙燕京:《晚清社会风尚研究》,中国人民大学出版社 2002 年版,第 12—69 页。

　　② 胡绳武、程为坤:《民初社会风尚的演变》,《近代史研究》1986 年第 4 期。邓娟:《试论民国时期社会风尚的变化及其特点》,《今日南国》2008 年第 8 期。

　　③ 施由明:《清代江西社会风尚》,《江西社会科学》1989 年专辑。

　　④ 范小方、张笃勤:《汉口商业发展与社会风尚演化》,《中南财经政法大学学报》1988 年第 4 期。

　　⑤ 孙燕京:《晚清社会风尚研究》,中国人民大学出版社 2002 年版,第 80—100 页。

导 论 / 11

彩；地域空间差异和社会群体差异相当明显；在变革和社会革命中，旧风尚的破坏大于新风尚的建设。① 邓娟指出，民国时期社会风尚则表现为强烈的政治功利性、以西洋为参照和效用的递减性三大基本特征。② 而不同城市和地区也存在不同特点。北京与沿海通商口岸相比具有趋新风尚的形成较之沿海通商口岸相对滞后、起步虽晚但变化速度快、对全国风气变迁具有一定昭示性的特点。③ 南京的社会风尚反映出中西合璧，以崇尚文明为主，但始终受到政府行为的制约。④ 而地处西南边疆的四川社会风尚变化明显滞后，其风尚变化所走过的历史轨迹差不多走过了晚清时代沿海发达地区相同的变化道路，只是时间晚些而已，其在民国时期的变化特点基本与中国晚清时期相同。⑤

4. 社会风尚变化与社会变迁

李长莉以上海为个案将社会风尚的变化放在晚清社会变局的大背景下，以民众生活方式与伦理观念变迁的互动这一独到的视角分析了社会风尚与社会变迁的关系。⑥ 张敏则以晚清上海服饰风尚变化来透视社会变迁。⑦ 乐正认为，时代的变迁与

---

① 孙燕京：《晚清社会风尚研究》，中国人民大学出版社 2002 年版，第 318—329 页。

② 邓娟：《试论民国时期社会风尚的变化及其特点》，《今日南国》（理论创新版）2008 年第 9 期。

③ 孙燕京：《略论晚清北京社会风尚的变化及其特点》，《北京社会科学》2003 年第 4 期。

④ 罗玲：《民国时期南京的社会风尚》，《民国档案》1997 年第 3 期。

⑤ 赵先明、冯静、陆铭宁、邱梅：《试述民国四川社会风尚变化的特点》，《西昌学院学报》（社会科学版）2005 年第 2 期。

⑥ 李长莉：《晚清上海社会的变迁——生活与伦理的近代化》，天津人民出版社 2002 年版。

⑦ 张敏：《试论晚清上海服饰风尚与社会变迁》，《史林》1999 年第 1 期。

社会的重构，使晚清时期上海人形成了自己独特的社会人格，这就是精明求实的商人观念、宽容趋新的文化观念、独立自主的国民人格和热情自觉的参与意识，[①] 尽管该书是以社会心态为研究主题，但对拓展和深化中国近代社会风尚研究颇具启发意义。孙燕京深入分析了经济、政治、文化、社会结构等方面的变化是社会风尚变化的诱因，社会风尚的变化直接影响着社会心理、价值取向、政治、文化生活，从而推动社会的进一步变迁。[②] 邓娟则从现代化的角度指出民国时期社会风尚的变化总体体现了国家社会现代化的趋势，为我国近现代社会的进步和人们思想观念的变化起到了不可忽视的作用。[③]

5. 社会风尚与社会群体

社会风尚的形成是许多社会成员互动的合力的结果，是社会成员的思想认识、价值判断、行为意向、行为方式等在形式上趋于相近的情形的一种总称，是人们行为的一种共振，这种行为把个人行为融于行为主体群中。一种社会风气在一般情况下是一定区域内一定群体中大多数人普遍仿效的行为。许多群体和个人所共同的普遍的社会行为，才能蔚然成风。[④] 因此，社会风尚的流行与发展有赖于全社会各阶层的共同参与，不同阶层即不同群体在社会风尚中的作用亦有差异，这理应是社会风尚研究的重要内容，但是很少有学者系统专门研究，只有孙燕京选取了晚清官吏群体、知识群体、商人群体、市民群体、农民群体

---

① 乐正：《近代上海人社会心态（1860—1910）》，上海人民出版社 1991 年版。

② 孙燕京：《晚清社会风尚研究》，中国人民大学出版社 2002 年版，第 75—100、273—317 页。

③ 邓娟：《试论民国时期社会风尚的变化及其特点》，《今日南国》（理论创新版）2008 年第 9 期。

④ 参见朱力《社会风尚的理论蕴含》，《学术交流》1998 年第 4 期。

五个典型群体（特别对知识群体进行了个案研究），同时又对社会群体之间风尚差异进行了动态分析，最后指出各群体之间的风尚不是孤立的，而是相互影响的。① 西方传教士是近代中国社会的一个特殊群体，其影响远不只在政治、宗教领域，对社会风尚的近代转变也应该产生过影响。然而，目前从研究的成果来看，只有为数较少的人注意到且研究欠深入，如严昌洪在"社会风尚的改良运动"一节中概括性地提及，他指出清末民初移风易俗思潮的源头在早年来华的外国传教士，他们提倡一些新的社会风尚，如劝诫戒除吸食鸦片，提倡放足，鼓励妇女走出家门参加学习或工作，宣传科学知识反对风水和鬼神迷信，还规定教徒不许纳妾，等等，但传教士并不是在平等的位置上帮助中国人，而是以救世主自居，把中国人视为"土著"、"异教徒"、"蛮族"。② 尚缺乏建立于大量史料基础上的专门性研究。

6. 社会风尚的比较研究

一方面，社会风尚往往随社会变化而变化，同一地区在不同时期社会风尚有差别；另一方面，沿海与内地、南方与北方之间社会风尚有差别，就是同一地区的城乡之间社会风尚也明显不同，因此进行比较研究理应是学者们研究的重点。郑维宽把近代四川社会风尚演变划分为四个阶段，通过纵向比较揭示了四川社会风尚由"淳朴"到"极端混乱奢靡"的发展过程。③ 周湘通过比较明清两代冬服用料，揭示了清代尚裘之服饰风尚

---

① 孙燕京：《晚清社会风尚研究》，中国人民大学出版社 2002 年版，第 174—271 页。

② 严昌洪：《20 世纪中国社会生活变迁史》，人民出版社 2007 年版，第 475 页。

③ 郑维宽：《清代民国时期四川社会风气演变的过程及特点》，《成都大学学报》（社会科学版）2004 年第 4 期。

的演变及原因。① 王上榕在《台湾儿童服装的时尚发展》一文中也比较分析了清际和日治时期台湾儿童服装风尚的变化。② 孙燕京则是纵横结合，首先是以甲午战争为界，分为两个阶段论述了晚清社会风尚的变化及其原因，而后是横向的比较，论述了社会风尚在沿海与内地、南北之间、城乡之间、各阶级阶层之间的差别。值得欣喜的是，有部分学者注意到中外比较研究，如李长莉通过对 19 世纪中叶上海和长崎这两个中日早期通商城市在职业结构、生活方式和人际关系中不同的社会风尚，考察了由此反映的民间伦理的不同结构及其变化；③ 王上榕也比较了欧美、日本与中国儿童服装的形貌。

从前述研究成果的分析，我们不难发现该研究领域尚有不少薄弱乃至空白点有待加强和填补。

首先，区域史研究有待深化。目前区域史研究只是局限于部分地区和发达城市，对于西部边疆地区的研究较少，目前笔者能看到的仅有《贵州边胞风习写真》。④ 区域史研究可以尝试区域间比较研究。不妨围绕西部与东部、边疆民族地区与租借地、内地与边地等展开研究，毕竟全国各地由于政治、经济、文化、开放性等均不相同，甚至差异相当明显，因而在同一时期所表现出的社会风尚也必然不尽相同。但需把区域史研究置于全国社会风尚史研究的视阈中，并注意二者之间的差异性和共通性。

其次，某些研究有待突破。在研究内容方面，还应当关注

---

① 周湘：《清代尚裘之风及其南渐》，《中山大学学报》（社会科学版）2005 年第 1 期。

② 王上榕：《台湾儿童服装的时尚发展》，台北教育大学教育学院硕士学位论文，2009 年。

③ 李长莉：《中日民间伦理与近代化之比较——对 19 世纪中叶上海和长崎社会风尚的考察》，《中国社会科学院研究生院学报》1995 年第 6 期。

④ 杨森编：《贵州边胞风习写真》，贵州省政府边胞文化研究会 1947 年初版。

西方传教士群体在近代中国社会风尚变迁中的作用和影响、政府及社会组织（如风俗改良会、天足会、商会等）与社会风尚变化之关系、传统文化与社会风尚变迁、近代少数民族地区社会风尚变迁的特点、新文化运动与社会风尚变迁、政治改革和革命与社会风尚变迁等。在研究视角方面，应从社会风尚的变化认识中国的近代化（或现代化），认识近代中国与世界的联系。因为近代化并不仅仅是一个经济问题，它从来就是一个经济、政治、思想、文化等各种因素综合作用的产物。

（二）近代云南社会风尚研究现状述评

关于近代云南社会风尚变迁的研究，虽然迄今为止未见有人进行过专门系统的研究，但是我们可以从许多前辈和学者的一些著作和文章中窥见一斑。

20世纪三四十年代，有一些专题论文或出自国防目的或出自学术研究兴趣从民族学、历史学等方面，对近代云南少数民族地区或边区社会生活状况进行了初步介绍，其中涉及云南社会风尚相关方面的主要有江应樑《云南西部夷民族之经济社会》[1]、《大小凉山开发方案》[2]、《腾龙边区开发方案》[3] 及《思普沿边开发方案》[4]，彭桂萼《西南极边六县局概况》[5]，震声

---

[1] 江应樑:《云南西部夷民族之经济社会》,《西南边疆》1938年创刊号。

[2] 江应樑:《大小凉山开发方案》,云南省民政厅边疆行政设计委员会编印, 1944年版。

[3] 江应樑:《腾龙边区开发方案》,云南省民政厅边疆行政设计委员会编印, 1944年版。

[4] 江应樑:《思普沿边开发方案》,云南省民政厅边疆行政设计委员会编印, 1944年版。

[5] 彭桂萼:《西南极边六县局概况》,《西南边疆》1938年第3期。

《云南西南缅宁》[①] 和《耿马土司地概况》[②]，马绍房、傅玉声《宣威河东营调查记》[③]，李景汉《摆夷人民之生活程度与社会组织》[④]，尹子建《滇西野人山纪实》[⑤]，方国瑜《滇西边区考察记》[⑥]，李圣智《边民生活今昔比较研究》[⑦]，戴沐群《云南沿边各县土民分布今昔比较研究》[⑧] 等文章。这些论文，多数是亲自调查后所作，资料的可靠性比较强，为笔者的研究提供了珍贵的史料。

1949—1978 年的中国学术界"由于受极左思潮的影响，社会学作为资产阶级的伪科学遭到取缔，导致社会史研究的衰落。与此相应的是，文化学被取缔，文化史也受到株连"。[⑨] 近年来，受文化史、社会史、民俗史以及西方社会科学一些新方法论的影响，不少研究者开始关注近代社会生活。目前国内学者在研究中涉及近代云南社会风尚的主要著作有《昆明百年：1899—1999》[⑩]、《云南社会大观》[⑪]、《彼岸的目光——晚清法

①　震声：《云南西南缅宁》，《西南边疆》1939 年第 5 期。

②　震声：《耿马土司地概况》，《西南边疆》1940 年第 11 期。

③　马绍房、傅玉声：《宣威河东营调查记》，《西南边疆》1940 年第 8 期。

④　李景汉：《摆夷人民之生活程度与社会组织》，《西南边疆》1940 年第 11 期。

⑤　尹子建：《滇西野人山纪实》，《西南边疆》1942 年第 16 期。

⑥　方国瑜：《滇西边区考察记》，国立云南大学文化研究室印行 1943 年版。

⑦　李圣智：《边民生活今昔比较研究》，民国云南省民政厅档案：卷宗号："11—8—15"云南省档案馆馆藏。

⑧　戴沐群：《云南沿边各县土民分布今昔比较研究》，民国云南省民政厅档案：卷宗号："11—8—15"云南省档案馆馆藏。

⑨　刘志琴：《文化史》，见《五十年来的中国近代史研究》，上海书店 2000 年版，第 158 页。

⑩　丁绍祥等主编，昆明市社会科学院编：《昆明百年：1899—1999》，云南人民出版社 1999 年版。

⑪　李道生主编：《云南社会大观》，上海书店 2000 年版。

国外交官方苏雅在云南》①、《老昆明风情录》②、《商人与近代中国西南边疆社会：以滇西北为中心》③ 等。这些著作中，有些是以老照片的形式来反映近代云南的社会风貌，如《昆明百年：1899—1999》、《历史的凝眸：清末民初昆明社会风貌摄影记实：1896—1925》④、《老昆明风情录》等；有些则是通过日记、游记或回忆录来记述近代云南的某些社会风尚，如《云南游记》⑤、《南侨回忆录》⑥、《云南掌故》⑦、《昆明梦忆》⑧、《西南游行杂写》⑨ 等。上述著作都或多或少涉及了晚清、民国时期云南的社会风尚及其变迁的相关信息。尤其是周智生的《商人与近代中国西南边疆社会：以滇西北为中心》，书中第四章详细论述了商人群体在推动滇西北地区经商风尚、消费风尚、婚姻礼仪风尚等社会风尚变化中的作用。

　　一些来过或曾在中国云南居住过的外国人，以感想、回忆录、日记、游记，分散地、不连续地描述了近代云南社会风尚的一些情况，其代表性的著作主要有以下几部。

---

① 李开义、殷晓俊：《彼岸的目光——晚清法国外交官方苏雅在云南》，云南教育出版社 2002 年版。

② 杨树群：《老昆明风情录》，云南民族出版社 2006 年版。

③ 周智生：《商人与近代中国西南边疆社会：以滇西北为中心》，中国社会科学出版社 2006 年版。

④ ［法］奥古斯特·弗朗索瓦等摄影，周文林主编：《历史的凝眸：清末民初昆明社会风貌摄影记实：1896—1925》，云南美术出版社 2000 年版。

⑤ 谢晓钟：《云南游记》，文海出版社 1966 年版。

⑥ 陈嘉庚：《南侨回忆录》，南洋印刷社 1946 年初版。

⑦ ［民国］罗养儒撰，李春龙等点校：《云南掌故》，云南民族出版社 1996 年版。

⑧ 王稼句编：《昆明梦忆》，百花文艺出版社 2002 年版。

⑨ 钟天石等：《西南游行杂写》，见沈云龙主编《近代中国史料丛刊》第九十二辑。

《云南：联结印度和扬子江的锁链》①，记录了 1894—1900 年作者先后 4 次到云南进行徒步调查的史实，其中在进行调查时所摄的许多历史照片和对云南腾越府、永昌府、大理府、思茅、普洱、瑞丽、云南府等沿途风俗民情的文字描述，是研究晚清时期云南社会风尚的一手珍贵资料。

《云南游记：从东京湾到印度》② 一书以游记体的形式真实地记录了奥尔良王子 1895 年在云南蒙自、思茅、大理所观察到的风俗民情，当然也包括当地的一些社会风尚。

《在未知的中国》③，记述了 19 世纪末 20 世纪初云南昆明、昭通地区苗、彝、汉等各族群众政治、经济、社会、教育、交通、民族风情、民族关系等方面的内容，是一部反映社会风尚的史料性质丛书。

论文方面涉及近代云南社会风尚的仅有《滇越铁路与近代云南社会变迁》④，文章认为随着滇越铁路的建成通车，西方的世界观、价值观、伦理观随有形的商品、设备、交通工具、人员和无形的文字、语言、宗教传入，是导致近代云南风尚习俗变迁的主要核心因素。

由上可知，无论是老照片、游记或日记，还是相关史料记载及研究著作，都只是稍事涉及近代云南社会风尚，对近代云南社会风尚变迁尚缺乏系统性和专门性研究，这也给本选题留

---

① ［英］H. R. 戴维斯：《云南：联结印度和扬子江的锁链》（中译本），云南教育出版社 2000 年版。

② ［法］亨利·奥尔良：《云南游记：从东京湾到印度》，龙云译，云南人民出版社 2001 年版。

③ ［英］柏格理等：《在未知的中国》，东人达、东旻译，云南民族出版社 2001 年版。

④ 车辚：《滇越铁路与近代云南社会变迁》，《云南师范大学学报》（哲学社会科学版）2007 年第 3 期。

下了研究空间。

三　研究方法及思路架构

本书以历史唯物主义和辩证唯物主义为理论指导，通过对目前已公开发表的相关论文及著述进行查阅把握其基本观点和内容，以保证本研究的前沿水平，同时查阅与研究相关的云南省档案馆藏资料，力争使该研究建立在尽可能完整的史料基础之上，并把"论从史出"贯彻于研究的始终。同时充分借鉴、吸收社会学、心理学、民俗学、民族学等有关学科的研究理论和成果对本选题进行研究。

基本思路架构为：着眼于社会风尚的"变迁"，把近代云南社会风尚小变迁置于近代中国社会经济大变迁背景中，主要围绕"怎么样变"、"为什么变"这一社会风尚变迁的内在逻辑而展开，在动态中进行相对的静态分析，从宏观上把握近代云南社会风尚变化趋势及其规律，试图通过社会风尚透视近代云南社会近代化，根据这一逻辑思路，本书各章设置及内容如下。

第一章从总体上考察了近代云南社会风尚变化的基本脉络或节奏，而这又是通过不同阶段的表现来反映的，即晚清时期云南的风气晚开、辛亥革命政治转型中因政治体制变革引起的急剧变化及抗战内迁中云南的社会风尚在崇洋、崇尚资产阶级自由民主平等思想观念继续发展的过程中日渐转向以爱国主义为主要取向，在此基础上指出近代云南社会风尚变化的基本趋势，即由开埠通商前的"基本在传统的变化轨迹里循环往复"到开埠通商后"朝着一条不同于旧时代的新道路发展"，具体表现为社会生活中"崇洋"、"趋新"风尚逐步生长，尤其是具有现代元素的新风尚日渐增多，体现了云南社会由传统到近代的转变。

一般认为，促成事物变化总是需要某种能量的，因而本书第二章紧接着对促成近代云南社会风尚变化的动力源进行了探究，研究表明这种驱动力是近代以来世界客观趋势的变化使然，是一种不以人的意志为转移的具有定向性的行为选择和变化过程，是基于马克思"物质生活的生产方式制约着整个社会生活、政治生活和精神生活的过程"。近代云南社会风尚变化的动力源于以下五种力量。第一是生产力基础的变革（此乃根本动力），即随着西方殖民势力揳入中国及清政府为挽救自身的统治展开的一系列自我变革，云南自然经济日趋解体，商品经济逐步发展，云南传统生活方式开始消解，洋货日渐盛行，人们的思想观念和行为方式发生了变化。第二是政治变革的强劲推动。由于近代云南政治变革源于中央政府改革的宏观政策法令，因此考察政治变革对云南社会风尚变迁的强劲推动主要是基于中央层面的宏观考量。在近代中国挽救民族危亡的时代潮流中，对云南社会影响较大的政治变革主要是清末新政和辛亥革命。清末新政中推行教育改革、地方自治和移风易俗是近代云南社会风尚趋新动力来源的三个主要方面。辛亥革命政体变革中颁布的革除社会陋习的政策法令为近代云南社会风尚的变迁提供了强有力的制度和政策保障。第三是西学东渐的冲击。云南开埠通商后，伴随西方汹涌而来的商品大潮，西方思想文化及政治制度随之而来，主要通过设立学校、派遣留学生、创办报刊等方式传入，西方文化的传入不断解构和建构着云南的社会风尚使云南传统的社会风尚发生了不同于近代以前的明显转变。第四是云南口岸开放城市对区域城乡的辐射和示范效应。口岸城市，因西式商品和新式工商业在这里大量集聚，外国移民在这里大量居住，对西学西艺感兴趣、具有新思想新观念的人也多活动在这里，从而产生越来越多的优势资源，形成巨大吸引力，在生产生活方式和思想观念方面都引领并驱动着周围城乡的发展变化。第五是社会群体的动力作用。由于社会风尚的形成和发展是许多社会成员互动的合力的结果，因此各社会群体，尤其是拥有权力居于主导地位的官吏群体、迅速崛起且最具经济实力的商人群体及富于求变、趋新的新知识分子群体在近代云南社会风尚变迁中的动力作用显著，这些力量最终融合为总的合力共同推动着近代云南社会风尚的变迁。

作为西南边疆多民族地区的云南，近代社会风尚变迁与开风气之先的东部沿海地区相比无疑是存在差异的，那么这种差异或者说云南社会风尚变迁的特征是什么呢？这便是第三章的主要研究内容。本章通过与同一时期沿海地区的横向比较，首先分析了二者具有的共性特征，接着重点阐释了云南因自然地理、历史因素和民族文化的差异，而呈现出独有的西部、边疆和民族性的典型特征，即交通条件改善是近代云南社会风尚变迁的契机，边地社会风尚变迁的独特性，因民族文化特殊性而呈现的"超前"与"滞后"特性，与政治密切相关的历史阶段性等。

从近代云南社会风尚时而缓慢、时而急剧的百年变迁中，我们不难看出晚清与民国这两个阶段，在整体上已显现出完全不同的时代风貌与风气征候。是什么使得近代云南某些社会风尚由风行而渐至稳定呢？第四章即是对近代云南出现的某种风尚为何固化为后来推动社会发展的基本风貌所进行的考察。通过查阅大量史料发现，在近代云南促成这种风尚向习俗转化的重要原因更多的是得益于云南地方政府及相关民间组织的主观努力，因此本章主要分析了政府和社团在近代云南新型社会风尚渐趋稳定中的作用。其主要内容是首先分析了政府的作为，即从制度政策层面积极倡导推行新风尚，其主要表现是发展近代工商业为新风尚的传播与发展奠定物质基础、积极创办和发展新式教育为新风尚传播与发展创造条件、改革不良风习为新风尚渐趋稳定铺平道路。接着论述了社团的作用——在政府主导下发动民间力量，宣传新风尚。最后指出，在近代云南新型社会风尚渐趋稳定中，政府与社团的关系基本是政府主导下的合作，其特点是政府主导性突出，社团对政府制定政策有一定的影响，但影响有限。

　　近代云南社会风尚的变迁无疑是云南社会近代化过程的一部分，它的发展变化与近代云南经济社会的发展变化相互影响、相互作用。因此，第五章云南社会风尚变迁与近代化，立足于云南经济社会大变迁与风尚小变迁之关系，重点分析了风尚变迁对云南经济近代化、政治近代化与教育近代化的作用和影响。诚然，风尚变迁对云南近代社会转型的影响虽不如经济那么明显而直接，但其价值应值得肯定，因为人是实现近代化的核心，即只有人们从心理、态度、行为和观念上都能与各种近代化形式的经济发展同步前进，这个国家或地区的近代化才能真正实现，而国民的心理、态度、行为和观念即是体现于社会生活的社会风尚。

第 一 章

近代云南社会风尚的变迁轨迹

自 1840 年鸦片战争以来，西方列强挟坚船利炮、强权文明及洋货汹涌而来，近代中国开始了艰难的社会转型过程，即"使传统获得现代性的变迁过程"，[①] 在这一过程中，社会的各个领域、各个层面都出现了"千年未有之大变局"。近代云南社会风尚的变化即是伴随着近代中国这一社会变迁所产生的一种新的历史趋向。

由于云南特殊的历史地理因素使得其风尚变化又呈现出阶段性，即晚清通商口岸开放后，伴随资本主义元素渐次输入与成长，社会风尚中"现代"元素初显端倪；1912 年中华民国建立，南京临时政府颁布了一系列改良社会风尚的措施，使云南社会风尚呈现出与民主共和政体相适应的"趋新"特点；抗日战争爆发后，云南成为抗战的后方基地，随着企业学校和相关机构的大量迁入，人口流动空前，云南社会风尚变化更为显著，同时在特殊的内迁历史背景下，云南社会风尚日渐以爱国主义为主要取向，但战时的特殊环境也使一些没落腐朽的社会风气更加肆虐。

---

① 陈国庆主编：《中国近代社会转型研究》，社会科学文献出版社 2005 年版，第 1 页。

一 晚清云南的风气晚开与风尚变迁

在一定的社会生产方式下，生产状况决定社会风貌，社会风尚总是反映着一定时期的社会现状。云南，作为西南边疆省份，受自然地理因素制约，在晚清时期其社会经济发展较为落后，风尚变化也较为缓慢。

云南通商开埠以前，近代新风尚经过从东部沿海——中部地区——云南的这一个过程，传递到云南地区时，其冲击力已经相对于沿海减弱了许多。直至 19 世纪末，云南开埠通商以后才开始与资本主义国家进行近代意义上的贸易往来（与东部沿海地区相比已经晚了近半个世纪），并且这种贸易还主要是通过英法的殖民地进行，而这些国家和地区的经济社会发展比云南更为落后，因此，晚清云南社会新风尚出现的时间明显晚于沿海地区，对旧有社会风俗的冲击与激荡的程度也大大小于沿海地区，社会风尚的变化、演进的速度也缓慢得多，且变化的区域主要集中在以口岸城市为中心的大中城市，如昆明、蒙自、河口、腾越（今腾冲）及一些交通便利的城市，大多数农村的社会习俗都保持着古旧风貌。

因此，开埠通商前的云南社会风尚基本是在传统的变化轨迹里循环往复，直至蒙自、河口、腾越（今腾冲）、昆明等相继开埠通商，晚清云南社会风尚才开始朝着一条不同于旧时代的新道路发展。

（一）开埠通商前晚清云南社会风尚的基本表现

开埠通商前的云南，由于偏处西南一隅，资本主义外来影响较弱，内部经济亦发展缓慢，社会风尚多为淳厚、士重诗书，尚儒学，礼节因循传统。

1. 风淳俗俭

据光绪《云南通志》记载，云南各州县风尚多淳厚，少奢华，实因土地贫瘠，商业发展落后，即虽"民间终岁勤动，往往衣食不给"，"不得不然耳"。如富民县"民俗颇淳"；罗次县（1960年并入禄丰县——编者注）"地瘠民贫，不事浮华，多尚古朴"；呈贡县"民朴而俭"；禄丰县"士敦礼义，民畏法度，言语服饰尤为淳朴"；河西县（1932年析河西等五县部分属地设龙武设治局，1953年成立龙武县，1958年并入石屏县）"男耕女织，其风淳，其俗俭"；镇南州（1913年改为镇南县，1954年改为南华县，1958年并入楚雄县，1961年恢复南华县）"汉夷杂处，风俗亦异，大抵崇尚质朴，不事华采"；大姚县"人民朴拙"；江川县"不事浮华"；平彝县（1954年9月1日更名为富源县）"土瘠民贫，俗尚朴质"；路南州（1913年改为路南县，1956年设立路南彝族自治县，1958年并入宜良县，1964年恢复，1998年将路南彝族自治县更名为石林彝族自治县）"农安耕凿而鄙逐末，女效纺绩，俗尚勤俭"；顺宁府（今凤庆县）"士多浑朴，人敦古道……俗尚节俭"；永平县"俗习淳朴，鄙浮薄"；永北直隶厅（今永胜县）"民风尚朴俭，勤稼穑，市无奇巧之货，人鲜奢靡之行"；武定直隶厅（今武定县）"民朴而俭，士醇而不浮"；广西直隶州（今泸西县）"土瘠民勤，俗尚简约，有唐魏之风"；新平县"俗尚简朴，男女多衣布，有衣帛者群起而笑之"；琅盐井直隶提举司"煮盐代耕，淳朴务本，士尚淳风"等。[①]

---

① （清）岑毓英修，陈灿纂：(光绪)《云南通志》卷三十，地理志五·风俗，光绪二十年（1894）刻本。

虽然在省垣及交通较为便利的城市因商贸发达，五方杂处，社会风尚也表现出浇漓之势，如昆明县"近城市多习贸易，而少事耕织，服食交际不无奢靡耳"；据大理府志记载，云南县（今祥云县）"民初至朴，自与卫军杂处，俗用滋漓，今其风渐靡"；"风气昔称古朴"的腾越厅（今腾中县）因"商贾业集……今则踵事增华"；东川府（今昆明市东川区）"城市人民五方杂聚，多习奢靡，乡村旧崇朴素，今亦繁华"，以致时人呼吁"去奢示俭诚为急务"；蒙化直隶厅（今巍山彝族回族县）"近因流寓者日竞，骄奢习染者亦从傲荡"等。① 然地区为数较少，整体上云南社会风尚依然淳朴。

2. 士重诗书，尚儒学

鸦片战争以来，近代中国虽然有一部分知识分子已开始接受西学，但在开埠通商前的云南，新学尚未创办，风气比较闭塞，重诗书、尚儒学仍然是广大士民的普遍趋向。如富民县"士民均无他营，以耕读为业，终岁之计，取给畎亩，其俊秀子弟颇多聪明、朴实、文雅、清丽之材，耕织稍暇，即事诗书，列庠序，登科名者蒸蒸然蔚起"；罗次县（1960年并入楚雄州禄丰县）"其俊秀子弟咸事诗书，列科甲亦接踵有人焉"；呈贡县"科名蔚起，代不乏人"；路南州"士重诗书而敦道谊"；寻甸州（今寻甸回族彝族自治县）"士习诗书，不事逐末远商"；丽江县"士子勤诵读"；永平县"其子弟俊秀者皆知业儒，有古风焉"；② 腾越厅"士知诗书，科第相承"。③ 另据道

---

① （清）岑毓英修，陈灿纂：（光绪）《云南通志》卷三十，地理志五·风俗，光绪二十年（1894）刻本。

② 同上。

③ （清）陈宗海修、赵瑞礼纂：（光绪）《腾越厅志稿》卷三·风俗，光绪十三年（1887）刻本。

光《普洱府志》记载，宁洱县"士习诗书"、威远厅（今景谷傣族彝族自治县）"士知务学……夷人亦知诵读，子弟多有入庠序者，崇儒重教"；①云南县"其子弟俊秀专意读书，志在科甲"；②等等。

3. 礼节因循传统

开埠通商前的云南，商品经济发展缓慢，农业生产中日出而作、日落而息的往复循环，使各种礼节也年复一年地重复着。如婚礼方面，在受汉文化影响的地区，仍多遵行六礼，即纳采、问名、纳吉、纳征、请期、亲迎。光绪年间这样的记载不绝于书。《普洱府志稿》记载："男子十七八岁，父母择门户，年齿之可配者，请尊贵亲友为媒，往女家三反致意。即诺，则具柬择日，备礼乃往女家，请书女子庚帖于鸾笺。媒人复命，男家拜受讫，并请媒人同往女家亲长处遍贺之。后又择日备抬桌盛布帛、盐茶、槟榔、果饼，并猪羊、酒醴、聘金等物，纳采行聘。将娶……乃娶……"；③邓川府（今洱源县）之婚礼"先向女家问生年、月、日，令星士与男命合之。既吉，请亲串中齐眉者为蹇修往女家致词。得允，乃择期以酒脯、环钏将礼，女家答庚帖，即问名、纳吉也。侯男女稍长方纳采……"。④在一些少数民族地区，因其受汉文化影响较弱甚或没有影响，其婚礼虽不遵行六礼，但形式亦无甚变化，仍因循传统。

---

① （清）李熙龄撰：（道光）《普洱府志》卷九·风俗，咸丰元年（1851）刻本。

② （清）项联晋修，黄炳堃纂：（光绪）《云南县志》卷二，地理志·风俗，光绪十六年（1890）刻本。

③ 丁世良、赵放：《中国地方志民俗资料汇编》（西南卷）（下卷），北京图书馆出版社1991年版，第810页。

④ 同上书，第862页。

(二) 开埠通商后晚清云南社会风尚的初期变化

1889 年蒙自通商口岸的设立，使云南社会变迁开始走上了一条与传统不同的道路，朝着不同于旧时代的新趋向发展，晚清云南社会风尚在外国器物乃至文化观念的影响下发生了不同于以前的变化，即不再在传统的变化轨迹里循环往复，开始受外洋的影响。

1. 洋货①开始大量进入市场，出现某种崇洋风气

英法占据东南亚一带后，洋货开始渗入云南市场，但由于清政府实行闭关锁国政策及云南地处偏远，欧美产品对云南的冲击极为微弱。这种状况直到蒙自开关后才得以改变。蒙自开关当年（1889）洋货入口为 62300 海关两，到 1899 年洋货入口升至 3373641 海关两，增加了约 54 倍，② 至 1909 年全省进口洋货达 7961524 海关两。③ 据对《云南对外贸易近况》一书所列进口货物的不完全统计，蒙自关进口货物达 260 种以上，思茅、腾越两关分别在 80 种和 220 种以上。又据对 1889—1909 年间进口货物的分类统计，洋货进口价值为 117624 千元国币，占进口总额的 99.12%，在 1893—1909 年的 17 年里，进口的货物百分之百为工业制成品。④ 据法国奥尔良观察，在

---

① "洋货"一词，起初指来自西洋、由西洋人制造的器具物品。清末以后，中外商人开始在中国本土设厂制造一些简易的机制品，这些虽是西式方法机器制造，但已不是自西洋运来的舶来品。这里"洋货"之称已属广义，泛指所有西式机制品。参见李长莉《中国人的生活方式：从传统到现代》，四川人民出版社 2008 年版，第 84 页。

② 参见周钟岳著，牛鸿斌等点校《新纂云南通志 七》，云南人民出版社 2007 年版，第 111 页。

③ 同上。

④ 吴兴南：《云南对外贸易史》，云南大学出版社 2002 年版，第 93 页。

1894 年仅蛮耗镇"船舶的吨位数 5886 吨，现在我数了数，岸边有五十三艘船。我向一位英语讲得不错的电报员打听了一些情况。他说，蛮耗镇大约有二百来栋房子，七个锡业老板……另外有老板专门负责从老街到河内的运输。锡运抵香港后……蛮耗的大商人每年要从香港运回一两万包货物：有纱线、棉花、布匹、法兰绒和广东出产的烟草"。① "这里（蒙自海关）的绝大部分货物都是英国出产，从广州过来的。贸易额为2185200 银两。"② 1910 年滇越铁路通车后，云南进口贸易再次迅速增长，至 1910 年，云南全省进口货值为 6684299 海关两，③ 许多进口物资直达昆明，由昆明向全省发售。

　　洋货的涌入，逐步改变传统的消费方式，云南社会风尚中开始出现某种崇洋的倾向。其中进口洋货的流向就充分反映了人们的消费趋向，据统计云南省于 1903—1909 年间，按比值计算，年平均进口 1084 万余元，在本省的销售额占 85.22%，外省占 14.78%，④ 即大部分为云南本省所消费，而在入口洋货中位居第一位的棉纱因其价格的低廉，人们的衣着面料普遍倾向于洋纱。据《Report of the Mission to China of the Blackburn Chamber of Commerce 1896—97》载："云南省最有钱有势的一位银行家王先生和我们谈话时说，棉纱业正在迅速增长，现在云南南部，全体人民都是穿的印度棉纱织成的布。"⑤

---

　　① ［法］亨利·奥尔良：《云南游记：从东京湾到印度》，龙云译，云南人民出版社 2001 年版，第 11 页。

　　② 同上书，第 22 页。

　　③ 参见周钟岳著，牛鸿斌等点校《新纂云南通志 七》，云南人民出版社 2007年版，第 111 页。

　　④ （民国）钟崇敏：《云南之贸易》，1939 年手稿油印本。

　　⑤ 昆明市志编纂委员会：《昆明市志长编》卷七（内部发行），1984 年版，第 49 页。

另外在建筑方面，也出现了西式建筑或中西合璧式建筑，如蒙自"原来的茅房，多数变成瓦房，有的商人还建盖了法国式楼房"。① 云南陆军讲武堂堪称昆明近代中西合璧式建筑的范例。讲武堂创办于1909年，整个建筑群由四幢主楼合围而成。土木结构，坡顶，墙身转角，墙基与窗边局部点缀砖石，门窗为拱券式，以砖石扶壁。四幢二层式楼房环绕一演兵场，检阅台由中式楼阁与西洋券式门道组成。整个建筑群呈对称布局，端庄浑厚。出行方面，由日本人创制的人力车也被引进，1909年昆明成立了第一家人力车公司，不久人力车营运受到市民欢迎。

开埠通商后，伴随外国领事馆的设立，在口岸等各大城市出现了以经销洋货的外国洋行及推销机构，他们在推动洋货销售的同时，一定程度上也影响着人们的消费趋向。晚清在云南开设的洋行有安兴洋行、歌胪士洋行、保田洋行、若利玛洋行等9家，推销机构如三达公司所约昆明几家大油腊铺代其分销美孚灯和鸡牌水火油等。② 同时以洋货的大量进口为契机，兴起了一批以经销洋货为主的商帮，如迤西帮、迤东帮、迤南帮等，其中迤西帮中的鹤庆帮正是在洋货经销中成为清末第一大商帮的。商人们在把商品从集散地运入经销地的同时，也把崇洋的消费趋向带到了当地。据观察，滇西商业重镇大理，在滇越铁路通车前的1895年，街道两边店铺里已出现一些欧洲商品，这些"欧洲商品绝大部分都是英国商品，来自缅甸或珠江上的百色。东边的货物要到达大理，就通过红河这条进入中国

---

① 蒙自县志编纂委员会编：《蒙自县志》，中华书局1995年版，第572页。
② 参见罗群《近代云南商人与商人资本》，云南大学出版社2004年版，第72—73页。

的最短通道进入"。① 大理店铺里出现的欧洲商品一定程度上折射了人们消费观念的改变，即已经出现崇洋趋向。

2. 世风渐趋浇漓

世风浇漓是与商品贸易发展、生活水平相对提高紧密联系在一起的，同时也是人们追求更好的生活环境与条件之天性使然。开埠通商以后，晚清云南商品经济大为发展，主要表现为市场中交换的商品种类不断增多，商品流通日益活跃；"以贸易之数值言，自光绪十五年至宣统三年二十三年中，蒙自、思茅、腾越三关，其贸易总值共达一万万五千六百四十万海关两有奇。"② 如果加上自开商埠昆明的贸易值，则更多。商品贸易的发展是世风浇漓的经济基础，由商业贸易发展造就的一批富商巨贾，便成为推动世风浇漓的主要力量。如喜洲商人严子珍"赚了钱后，燕窝、银耳、鹿茸、洋参是经常吃的……1910 年这一年，统计表上表现了他用亏了五百四十两银子，原因就是建盖第一所'三房一照壁'的新住宅"。③ 与传统俭朴观念相背离，赀累巨万的鹤庆商人舒金和旗帜鲜明地提出自己的消费观念，认为"财者，天下之公物也，能用乃为己财，积而不能散，与无财等"。④ 受此风气影响，一些人即便是"挟微赀还"，但终因"习睹浮靡，渐入奢华"。⑤

---

① ［法］亨利·奥尔良：《云南游记：从东京湾到印度》，龙云译，云南人民出版社 2001 年版，第 127 页。

② 参见周钟岳著，牛鸿斌等点校《新纂云南通志 七》，云南人民出版社 2007 年版，第 111 页。

③ 杨克诚：《永昌祥简史》，《云南文史资料选辑》第九辑，1989 年版，第 57 页。

④ 周钟岳著，张秀芬等点校：《新纂云南通志 九》，云南人民出版社 2007 年版，第 349 页。

⑤ 符廷铨、蒋应澍总纂：《昭通志稿》卷之十一，风俗志。

云南开埠通商后，尤其是"清宣统间，滇越铁道筑成，以从山僻远之省，一变而为国际交通路线"，物流机制发生了显著变化："匪但两粤、江浙各省之物品，由香港而海防，海防而昆明，数程可达，即欧美之舶来品，无不纷至沓来，炫耀夺目，陈列于市肆矣。"以至于云南社会风尚"欲返于古代之朴质，纯以农立国，其势有所不能也"。① 但云南的奢靡之风与广大的下层劳苦大众是无缘的，如阿迷州（今开远市）志所载："自滇越路通后，沪上奢侈之风，昆明斗靡之习交相传来，于是简朴耐劳之风竟化为奢惰之习，然此风气仅限于城区一部，而各乡村民尚守古风，简朴耐劳。"②

世风浇漓还表现在对传统的僭越方面。开埠通商后，由于商品经济的发展和观念意识的变化，传统等级观念逐渐被打破，明清以来士农工商各阶层地位变动的趋势继续延续，商人地位日益提高，便出现了对传统的僭越。如服饰风尚方面，出现了服式与身份混乱的情况。官服本来是与官员身份相符合的。但通商之后，一些商人迅速致富，而此时清廷由于对外战败赔款，财政困难，遂开捐纳之风，尤其到晚清，财政困窘达于极点，卖官鬻爵的现象更加泛滥，各省普遍设立捐局，捐官银数一再折减以相招徕，因而"富而不贵"的商人便纷纷捐银得官。如同庆丰创始人王炽父子，于"光绪二十八年（1902）十一月以乐善好施，迭捐钜款，赏还已革道员王炽衔翎"。"光绪三十三年（1907）五月以倡认铁路钜款予云南在籍道员王鸿图以四五品京堂候补。""光绪三十四年（1908）二月以捐助赈

---

① 民国云南通志馆编：《续云南通志长编》下册，第 339 页。

② 陈权修、顾琳纂：《阿迷州志（二）》，台湾学生书局出版，1968 年影印，第 521 页。

款钜万予云南候选郎中王尧图以道员分省补用。"① 回族商号兴
顺和的开办者马启祥，为发展业务，"决心谋取一官半职，易
与官方接纳，乃援照纳米粟捐官之例，出款捐得'观察使'
（道台）官衔，兴顺和号从此呈另一种局面"。② 许多商人捐官
后依然从事本行业——商业，只不过想通过捐个官而要个身
份，以光耀名声，交结仕宦，并进一步发展商业。因此许多商
人平时并无任何实际官职，但在公开场合却身穿官服，这便形
成了官服与人的实际身份相脱节的现象。除了服饰，住宅风尚
也出现了对传统的僭越。如在"喜洲地方，在资本家没有发迹
之前，'赵府'、'张府'盖过大住宅，都是做大官发了财盖的；
此后，资本家就大盖特盖了"。③

　　赌风猖狂是世风浇漓的又一表现。赌博是旧中国的社会痼
疾之一。在云南，"闲极无聊的人，往往相约聚赌，更以银钱
作赌注，来增加兴趣。因了勾引熏染，由此成为习尚，各地赌
风猖狂，官厅也悬为禁例，加以查拿。但在每年春首元旦，民
间男女老少，都好逢场作戏，从事各类赌博。官厅也就殉情开
了赌禁：先是放赌 3 天，不加干涉，在 1905 年后直延长至元
宵节（正月十五）……赌博的类别很多，最为普遍的是赌
宝……省会地方在 1908 年设警以后，改由巡警负责禁赌，旧
时赌宝、牌九之类的赌博，虽是较前减少，但新的赌具麻将、
扑克又由外传入……（麻将）传入滇中以后，好赌的人深加喜

---

①　昆明市志编纂委员会：《昆明市志长编》卷七（内部发行），1984 年版，
第 201 页。
②　马伯良：《回族商号兴顺和》，《云南文史资料选辑》第四十九辑，云南人
民出版社 1996 年版，第 208 页。
③　杨克诚：《永昌祥简史》，《云南文史资料选辑》第九辑，1989 年版，第 57
页。

爱，辗转学习，逐渐普遍流行在各个阶层和社会中。"①

3. 新风尚萌生

开埠通商以后，晚清云南社会风尚的变化不再是在传统范围内简单地循环重复。受西方的影响，它有了新的特质，即出现了与传统截然不同的新风尚。在云南最为显著的就是留学热。1901 年，清政府实行新政，湖广总督张之洞、两江总督刘坤一联衔上《复议新政折》，主张大力派遣留学生，加速培养新政人才。清政府采纳了这一建议，并于当年命令各省选派学生出洋。至此云南掀起了第一次留洋高潮。光绪二十八年（1902），云南首次向日本派遣 10 名官费留学生，之后每年都有官费和自费生到国外留学。光绪三十一年（1905）以后，多有自费赴日者，因订专章：凡自费生考入日本各官立专门大学者，准改给官费。于是自费生愈形踊跃，而考入专门大学得补官费者，亦日渐增多，迄宣统末年，约达数百人，毕业后陆续回滇，均任要职。清代全省共 258 人到国外留学，其中，杨宝堃等 3 人到比利时，文宝奎等 26 人到越南，吴锡忠等 229 人到日本。②

其次是女学肇兴。伴随着西方资本主义势力东渐而来，西方女学思想由西方传教士带入中国。正如《剑桥中国晚清史》一书所言："新教教徒中，很多人明确信奉男女平等的原则，而且决心投入一场十字军运动，以争取中国妇女的'平等权利'。"③ 这一时期，中国国内宣传女学的团体和报刊大量出现，

① 龙子敏：《云南的赌风与赌博门类》，《云南文史集萃（十）》，云南人民出版社 2004 年版，第 454—457 页。

② 《云南省志》卷六十·教育志，云南人民出版社 1995 年版，第 14—15 页。

③ ［美］费正清、刘广京编：《剑桥中国晚清史》（上卷），中国社会科学出版社 1985 年版，第 566 页。

据研究者不完全统计，1901—1911 年涌现的女子团体达 40 多个；报纸、杂志中有女子报刊达 30 余种，且很多报刊都以宣传妇女解放、争取女权为宗旨，均提倡兴办女学，开通女智。①兴女学思想借助"团体"与"舆论"走向全国。光绪三十三年（1907）清政府颁行女子师范学堂章程和女子小学堂章程。在这样的背景下云南女子师范学堂及女子职业学堂创设，于光绪三十四年（1908）二月开学。先办附属小学，宣统元年（1909）六月乃办师范预科一班，学生由小学中择其程度优者入之。宣统二年（1910）添设保姆讲习所、蒙养院，并于堂之西偏旧把总署内分设女子职业学堂。另有敬节堂女子职业学堂，于宣统三年（1911）六月设立。宣统二年（1910）自省城迄各厅州县，均令创设女子蚕桑研究所，又通饬女学堂并男子初级师范学堂、中学堂、高等小学堂，于正课之外，加课蚕桑一科。②

开埠通商后晚清云南风尚尽管发生了明显的新变化，但这些变化在速度上是缓慢的，受西方器物的影响相对要大些，变化的区域主要集中在口岸城市及工商业较为发达的地区，对其他地区的辐射作用不明显。这不仅与云南经济发展落后密切相关，还与云南交通条件和当时中国整个"传播工具的欠发达、新式学堂尚未普及、受新思想影响较大的学生还不能构成规模较大的群体等因素有关联"。③

---

① 阎广芬：《简论西方女学对中国近代女子教育的影响》，《河北大学学报》（哲学社会科学版）2000 年第 3 期。

② 昆明市志编纂委员会：《昆明市志长编》卷七（内部发行），1984 年版，第 427—429 页。周钟岳著，李春龙、王珏点校：《新纂云南通志 六》，云南人民出版社 2007 年版，第 618 页。

③ 孙燕京：《晚清社会风尚研究》，中国人民大学出版社 2002 年版，第 13 页。

二 辛亥革命政治转型中云南
社会风尚的急剧变化

辛亥革命推翻了清政府，建立了中华民国，从此中国开始由君权专制政治形态向民主共和政治形态过渡，由伦理取向向法治取向演进。以孙中山为首的南京临时政府，宣称"社会之良否，系乎礼俗之隆污，故鄙礼恶俗急须厘正，以固社会根基"，[①] 临时大总统孙中山在不到三个月的时间里，签署颁布了一系列改良社会风尚的文告、法令，涉及严禁鸦片、改革历法、限期剪辫、劝禁缠足、改革礼仪、禁止赌博、改变称呼等方面，为云南社会风尚的变革提供了制度和法律保障。与晚清相比，该时期云南社会风尚发生了急剧变化并呈现出与民主共和体制相适应的一些时代特点。

（一）物质生活风尚的骤然改观

衣食住行是社会风尚的物质载体，它的任何变化都或多或少反映了一定时期一定区域风尚的趋向。辛亥革命以后，云南物质生活方式中的风尚变化在政府改良社会风尚的影响下，骤然多了起来。

1. 服饰方面

首先是崇洋之风盛行。民国肇兴，新旧更易，天地易色，革命、洋化、新派一时成为新潮时尚，尤其是民国的服制改革将西服确定为正式礼服（1912 年 10 月，民国政府正式颁布了

---

① 转引自胡绳武、金冲及《辛亥革命史稿》第 4 卷，上海人民出版社 1991 年版，第 108 页。

民国的礼服标准，即男子分大礼服和常礼服。大礼服为西式，常礼服分中西两式，中式为传统的长袍马褂，可自由择用。女子礼服为长与膝齐的对襟长衫，下身着裙，是传统服装的改良样式。并规定，凡公职人员只服正式礼服，而不服用中式礼服①）后，洋化意味着革命、弃旧图新、文明进步及与旧势力决裂，成为正面的社会价值导向，受到人们的羡慕，因而出现了广泛追求洋化服饰的风尚。昆明"男则多尚洋装……女子服饰，争奇斗艳……近则长袍内着亵服，短仅数寸，必露其髋，又炫于西人曲线美之说，衣皆贴体，若背、若腰、若乳、若臀无不毕露……发必烫之使□（烫发之资有贵至百金一次者）……足必废弃其袜，甚至革履镂空，趾甲亦染以色"，②"有些富者甚至衣必革履呢羽西装"。③ 云南大学改定学生制服也规定"男生制帽，用方形学士帽，仿日本式，制服用西装式"。④ 就连边城缅宁（今临沧），做食或士绅阶级的男人衣着"（青年）亦有西装皮鞋，毡帽手表，腊肠裤子……（妇女）耳环手镯，一变而成戒指手表，已居然都市装束了"。⑤ 顺宁（今凤庆县）之服式与装饰"自人民国后，装饰随时改变，男女手上戴手表、戒指……而女子已不穿耳，故耳环已废，更喜手镯、项链、手链之饰，质尚金玉，至短发天足，已极普遍，与都市同"。⑥ 新平县"近年以来，渐有服洋装、戴眼镜、提手棍

---

① 《政府公报》第 157 号第 6 册上，文海出版社影印本，第 200 页。

② 陈度：《昆明近世社会变迁志略》卷三·礼俗，稿本。

③ 云南省档案馆编：《清末民初的云南社会》，云南人民出版社 2005 年版，第 74 页。

④ 《云南大学改定学生制服》，《云南日报》1935 年 10 月 13 日第 7 版。

⑤ 彭桂萼：《西南边城缅宁》，1937 年，第 166 页。

⑥ 云南省编辑组编：《云南方志民族民俗资料琐编》，云南民族出版社 1986 年版，第 160 页。

以为饰者矣"。① 昭通"富豪之辈，竞尚西装，服毛呢……至用绸帛者尚少"。②

服饰作为人们身体的外在装饰，是人们向社会展示自己一定社会身份、经济实力及价值观念等外在信息的重要载体。服饰的洋化，反映了人们对先进工业技术及西方文化的羡慕与崇尚。从物质形态看，西洋服饰制作精巧、适用美观、外观样式新颖多样，加之批量生产因而具有物美价廉的优势，是传统手工土制品所无法比拟的，正是这种物质上的优势使人们形成弃土从洋的服饰风气。这种崇洋风气对于人们认识和接受近代工业形成潜移默化的影响，是最直观的近代工业思想启蒙。另一方面，人们崇尚西洋服饰，强化了西方文化中蕴涵的自由、平等、文明、富强、开放等现代思想，是人们崇尚西方文化的一种符号，与近代中国社会一直延续的崇尚西方文化的社会思潮与社会心理相辅相成。

其次是趋向多样化、自主化与平等化。民国以后，人们的衣着服饰的样式呈现出多样化，即西服、中山服、制服等新式服装，与中式服、便服等传统服装甚至改良服装多样并存，人们随意穿用，不再有等级之分。如顺宁之服式与装饰"十六年以远于今日，中山装、西洋装、学生装，遍于社会。长衫犹多，马褂甚少，女子则旗袍短裤，短裙短袖，外衣线褂等等时装，与都市同"。③ 缅宁，傲食或士绅阶级的男人衣着"类多长袍大褂，拖鞋撒袜，青年则对襟新装，或短窄广式，亦有西装

① 吴永立、王志高修，马太元纂：(民国)《新平县志》卷之五·礼俗，1933年石印本。
② 卢金锡总纂：(民国)《昭通县志稿》卷六·礼俗，1937年铅印本。
③ 云南省编辑组编：《云南方志民族民俗资料琐编》，云南民族出版社1986年版，第160页。

皮鞋，毡帽手表，腊肠裤子……（妇女）或短衣短裙，或短衣大裤，或旗袍翩翩"，[①] 以致时人感叹"盖国家无一定之制，使民无所遵行焉"。[②] 虽然民国政府从国家礼制的角度规定了服饰制度，对国民的着装方式作了一定的规范，但只规定了公共典礼场合礼服样式和质料，对于人们其他的服饰方式没有作制度性的硬性规定（对于官员、军警、学生等着制服的规定，主要是为了表明其公务职业身份，而不在于区别上下尊卑等级），政府也不予干预，改变了皇权时代对服制所作的严格限制性规定，而将大部分权利归于个人，由个人自主。这充分体现了民国时期"自由、民主、平等"的新价值观念。

再次是剪辫放足风潮兴起。民国成立后，万象更新，男子蓄发、女子缠足的陋习开始以官方通令形式被取缔。1912 年 3 月，南京国民政府通令全国剪辫，命令凡未剪辫者，限 20 日内"一律剪除净尽，有不遵者违法论"，[③] 并从实处发布通告剪发的理由书。一时间剪辫成为弃清朝拥民国、弃旧向新的政治标志。同年同月临时大总统孙中山令内务部通饬各省劝禁缠足，随后内务部颁布《禁止妇女缠足章程》。之后，各地方政府纷纷发布公告，通告禁令，并按照章程要求采取措施实行查禁。由警察署及各团体按户稽查，登记造册，限期放足，按期核查，如届期不放足，便科以罚金。鉴于此，于"民国二年（1913）云南地方政府军都督府民政长罗佩金便颁布'云南通省妇女缠足惩禁令'11 条。规定滇省妇女 15 岁以下'未缠足者不准再缠，已缠足者立即解放'。对违反规定的妇女限期解

---

① 彭桂萼：《西南边城缅宁》，1937 年，第 166 页。

② 卢金锡总纂：(民国)《昭通县志稿》卷六·礼俗，1937 年铅印本。

③ 《大总统令内务部晓示人民一律剪辫令》，《临时政府公报》第 29 号，1912 年 3 月 5 日。

放，否则按照五个标准每月科以罚金"。① 民间人士也组织天足会等积极宣传倡导，云南各地天足会纷纷成立。在政府和地方组织的共同推动下，云南展开了大规模的剪辫放足运动，各地男子剪发女子放足成为潮流。1919 年，广东艺人韦文广在昆明开办"美生理发师"，最早剪"东洋头"，昆明兴起理短发的风气。1924 年，昆明理发店达 60 户。1931 年，理发同业公会成立，入会会员 65 户。1936 年，全市理发业 68 户，从业人员 208 人。② 民国二十年（1931）文山县风俗调查表显示：男子已完全剪辫，全县女子 20（岁）以下放足者约过半数。③ 民国二十一年（1932）云南楚雄县风俗调查纲要记载，楚雄"近来天足剪发呼声日高，但仅及于城市，城市中十岁以下之女子已无一缠足者，剪发则曾经几度厉行，已收美满效果，将来将推及于界哨以谋普遍也"；④ 镇越县（今勐腊县）"县属汉人完全剪发……惟㑩人为旧习相传，虽政府再三督令剪发，该等顽固性成以为发剪有伤父母遗体，以免旁讥我敬神无诚意。近则当局严督，已逐渐有土司头人自动剪者……（放足方面）第一区汉人中除老年妇女缠足外，自二十五岁以下妇女大都解放，至各夷族妇女纯系天足"；⑤ 曲靖"女子之放足剪发入校者，亦日渐盛行"。⑥ 上述剪辫放足潮流主要限于受汉文化影响较大的城

---

① 云南省档案馆编：《清末民初的云南社会》，云南人民出版社 2005 年版，第 96 页。

② 谢本书、李江主编：《近代昆明城市史》，云南大学出版社 1997 年版，第 151 页。

③ 民国云南省民政厅档案，"内政部制定云南省文山县风俗调查表"，卷宗号"11—8—121"，云南省档案馆馆藏。

④ 民国云南省民政厅档案，"云南省楚雄县风俗调查纲要"，卷宗号"11—8—123"，云南省档案馆馆藏。

⑤ 赵思志修纂：《镇越县志》第五章·民俗，1938 年油印本。

⑥ 和子：《曲靖概况》，《云南日报》1936 年 2 月 22 日第 5 版。

镇地区，而对于偏远落后的山区农村，有些地方因闭塞和风俗的惯性，尤其是缠足习俗仍然延续了一段时间，如禄村缠足直至1935年以后出生的女孩才完全转成天足（详见表1—1），但缠足习俗毕竟成为旧时代的事物，处于日渐消亡的末流了，崇尚天足的新风尚已成为了新时代的潮流。对于一些少数民族而言"缠足一项因多数夷民素无此种恶习，自然禁绝"。①

表1—1　　　　　　　　　**禄村缠足的消亡**

出生年份	总数	缠足百分比（％）
1916—1920	8	75
1921—1925	12	50
1926—1930	9	11
1931—1935	17	12
1936—1940	8	0

注：缠足妇女的多数人只是暂时裹了脚，她们的脚裹了几天、几个月有时几年就放了。

资料来源：[加] 宝森：《中国妇女与农村发展：云南禄村六十年的变迁》，胡玉坤译，江苏人民出版社2005年版，第55页。

2. 饮食方面

主要表现为宴饮尚奢，西餐开始在城市中流行。如蒋筱秋在云南风俗改良会第一次露天讲演中提及当前"宴会酒席，山珍海味，成了最寻常的口头食。便是邀同一二知己，到茶楼饮

---

① 民国云南省民政厅档案，卷宗号"11—6—80"，云南省档案馆藏。

茶谈心，香片龙井，总要花钱四五角、五六角，是很平常的"。[1] 童振藻也指出："至宴客，近年争用烧猪洋酒等品。一席之费，可抵贫民一家数十日之粮。"[2] 徐权保先生看到："交际宴会之间，烟必纸烟，酒必洋酒，席必大餐，肴必海味。"[3] 更有"一宴会也必以西餐为贵"[4] 的宴饮风尚。昆明"前滇越铁路成外侨多，而西餐亦多……然常人亦不过问，嗣后官家富豪竞尚盘餐，每座至贵不过数元，今则餐馆林立，一座多至数十元，而客常满"。[5]《云南游记》作者记叙 1923 年在昆明参加全国教育联合会议时，曾感慨：就洋榭设西筵款待，酒有 5 种，菜有 12 样，丰盛极了。联想连日来的西式宴席，非常叹息云南朴素的风气已不复存在。[6] 崇尚西餐的风尚使餐饮广告也打出："本楼开设中西酒筵，精制各种茶点面包……今更不惜重资，再由香港聘来西菜名厨。此后菜品日日翻新，茶点色色具备……各界诸君请尝试之。"[7]

　　宴饮尚奢由来已久，每朝每代都有人感叹比前代奢侈，这与中国人讲排场、爱面子，待客以盛宴为恭敬的国民心理有关，当然最主要的还是该时期云南工商业的发展和人们生活质量的提高所致。而崇尚西餐的风尚则是近代以来才兴起和发展的，是云南崇尚西方文化的一个符号。

---

　　① 童振海编：《云南风俗改良会汇刊》（第一册），民国十五年（1926），第16 页。

　　② 同上书，第 40 页。

　　③ 同上书，第 33 页。

　　④ 同上书，第 47 页。

　　⑤ 陈度：《昆明近世社会变迁志略》卷三·礼俗，稿本。

　　⑥ 谢晓钟：《云南游记》，文海出版社印行，1967 年版，第 79 页。

　　⑦《天南新报·别刊》，民国二年（1913）7 月 23 日，转引自云南省档案馆编《清末民初的云南社会》，云南人民出版社 2005 年版，第 189 页。

3. 居住方面

居住方面的变化也是明显的，城市中西式建筑和室内西式用具增多，如昆明"屋宇多取西式……地铺花砖，顶棚刮以灰沙，塑为花样，灯光照之，光明华丽，浴房、厕房器皆以磁，且有用化学厕，不须除秽"。[①] "昆明市区的主要街道三市街、金碧路、南屏街等两旁的铺面房屋均改为西式建筑。"[②] 1923年昆明教育会场"室中家具皆西式而新制者……会场之建筑，系中西合璧"。[③] 1924年东陆大学会泽楼建成，造型采用法式建筑风格，它是昆明大型西式建筑之一。并且供一些达官显贵、洋人居住的西式或中西合璧式建筑也相继出现，如海源寺灵源别墅（龙公馆）、白渔口庚晋侯别墅（庚园）、大观楼鲁家花园、翠湖南路陆崇仁府邸等。[④] 除昆明外，距昆明较近或商业较为发达的城市西式建筑也日渐出现并有增多之趋势，如宜良县"近今风俗奢侈，间有采用洋式新房者"，[⑤] 昭通市廛中之贸易建筑"大者则有字号之，规模宏大，中则如陡街之房屋，一色洋式"[⑥] 等。

居住方面的变化还表现为城市的市政建设、设施渐渐趋于现代化，昆明最为典型。首先是1918年昆明自来水厂建成送水，昆明第一次出现自来水。尽管至抗战前，昆明自来水用户仅1000余家，且只有官府和官绅之家才在户内装有水龙头，

---

① 陈度：《昆明近世社会变迁志略》卷三·礼俗，稿本。

② 云南省档案馆编：《清末民初的云南社会》，云南人民出版社2005年版，第74页。

③ 谢晓钟：《云南游记》，文海出版社印行，1967年版，第64页。

④ 谢本书、李江主编《近代昆明城市史》，云南大学出版社1997年版，第171页。

⑤ 王槐荣等修，许实纂：（民国）《宜良县志》卷二·风俗，1921年铅印本。

⑥ 卢金锡总纂：（民国）《昭通县志稿》卷六·礼俗，1937年铅印本。

普通市民只有到安装于街道的水站取水，名为自来水，实则仍靠人挑，[①] 但毕竟代表了饮用水发展的方向，是城市现代化的一个重要表现。其次为电力照明的出现。清末，昆明居民以菜油或煤油、"洋腊"（蜡烛）照明，自 1912 年 4 月云南第一座也是中国第一座水电站——石龙坝水电站建成发电。送电之日，海心亭（翠湖公园）、三牌坊（正义路与威远街口）、金马碧鸡坊等处悬挂数盏 500 瓦白炽灯泡，城乡男女老少争相进城观灯。[②]《申报》对此如是报道："滇省近因电灯开点，男女观者云，混杂已极。"[③] 至 1923 年，全市共安装电灯 15000 余盏，[④] 之后又有昆明市纺织动力厂、云南纺织厂、发电厂（是年并入耀龙电灯公司）建成，昆明市供电量日益增加。昆明用电照明的直接示范促使人们转变观念，争相使用电力，带动了地方电力工业的发展，如该时期电力工业就有河口汉光电灯公司、蒙自大光电灯公司、云南矿业公司开远水电厂、开远通明电灯公司、昭通民众事业公司电力厂、下关玉龙水力发电厂、腾冲叠水河水力发电厂及云南省水力发电勘测队。[⑤] 最后是城市道路的修整。民国十年（1921）将由马市口至南月城一段改修条石马路。民国十二年（1923）重新把没有修建为石马路的地段修为石马路。"各大街及南城外前修之碎石马路一律改修细石马路，现工作犹未告竣，其余未经改修各街亦将逐渐修

---

① 参见谢本书、李江主编《近代昆明城市史》，云南大学出版社 1997 年版，第 174—175 页。

② 谢本书、李江主编：《近代昆明城市史》，云南大学出版社 1997 年版，第 176 页。

③ 《昆明湖边新景象》，《申报》1912 年 7 月 31 日第 6 版。

④ 谢本书、李江主编：《近代昆明城市史》，云南大学出版社 1997 年版，第 176 页。

⑤ 民国云南通志馆编：《续云南通志长编》下册，第 339 页。

筑，且前之行道，逼窄者改修时，并加以展拓。"① 至抗战前，昆明市街道大多改修为块石路面，人行道多修为三合土路，正义路、武成路、绥靖路（今长春路）、东寺街、金碧路等主要街道都装置路灯，且有正义路、护国路、武成路、华山东路、华山西路、绥靖路、金碧路、拓东路、大观路、环城东路等 11 条主要街道改造为近代公路，能通行汽车。②

4. 出行方式方面

出行方式的变化更为明显，新式交通工具不断增多。除滇越铁路外，该时期又修通了个碧石铁路、川滇铁路（叙昆铁路）昆明至沾益段。据统计，从 1930 年到 1933 年仅个碧石铁路年均客运量就达 40 多万人次。③ 该时期方便人们出行的另一种交通工具——汽车运输开始兴起。1925 年，省交通司由越南购入美国福特公司载重 1.5 吨货车底盘 4 架，自行装配车厢，在昆碧公路行驶，是为昆明出现的第一批汽车。④ 1935 年，云南省政府公报《云南商办长途汽车营业管理章程》，鼓励商人经营长途汽车业务。⑤ 各地工商业者纷纷集资购置汽车营运。至 1936 年底，仅昆明市就有汽车行 40 户，客货汽车 178 辆。⑥

清末传入的人力车在该时期也发展迅速，昆明 1935 年人

---

① 张维翰修，童振藻纂：《昆明市志》，台湾学生书局1968年影印本，第301页。

② 参见谢本书、李江主编《近代昆明城市史》，云南大学出版社1997年版，第167页。

③ 陈征平：《云南早期工业化进程研究：1840—1949》，民族出版社2002年版，第115页。

④ 昆明市志编纂委员会：《昆明市志长编》卷十二（内部发行），1983年版，第177页。

⑤ 张肖梅：《云南经济》，民国三十一年（1942）版，第Ⅴ一六四页。

⑥ 参见谢本书、李江主编《近代昆明城市史》，云南大学出版社1997年版，第109页。

力车行发展到 23 家，登记注册的人力车 1250 辆，其中营业车
1200 辆。20 世纪 20 年代，自行车（当时叫脚踏车）也开始在
昆明出现。1935 年仅昆明自行车就有 1111 辆。另一种交通工
具——轮船在民国后也有所增加，1912 年 5 月滇济轮船公司
"飞龙号"开展营运；1924 年"飞鹰号"下水行驶，之后又有
"西山号"、"济海号"等出现。[①] 新式交通工具的不断出现及日
渐增多，使人们的出行更加方便。

　　该时期人们物质生活方式的变化，至少影响了一部分城市
居民的思想和行为。

（二）行为风尚的新潮流

　　行为方式主要包括人们日常生活中娱乐、消闲等方式，也
包括婚丧嫁娶等礼仪形式。行为方式是社会风尚的重要表征，
同时受风尚的影响也比较大。该时期行为方式中出现了一些具
有大众化、开放化、市场化等特点的新风尚，其主要表现为：

　　1. 新潮娱乐

　　所谓新潮娱乐方式，是指或是由国外传来，浸润着西方风
尚；或是与先进的科学技术相结合，花样翻新。[②] 1910 年滇越
铁路通车后，网球、乒乓球、台球、足球等体育项目传入昆
明，首先是在洋人和官绅阶层及教会学校中开展。民国以后，
东陆大学体育课设田径中的跑、跳，体操中的单双杠、跳箱、
木马，还有篮球、排球、足球、棒垒球、障碍运动等项目。昆
明各校间经常举行田径、球类、体操、游泳等项目的比赛。20

---

　　① 参见谢本书、李江主编《近代昆明城市史》，云南大学出版社 1997 年版，
第 172—173、110—112 页。
　　② 严昌洪：《20 世纪中国社会生活变迁史》，人民出版社 2007 年版，第 375
页。

世纪 20 年代后，东陆大学、省一中、省农校、成德中学、昆华女中等开展了网球活动，网球活动开始风行昆明，使昆明成为全国网球运动开展较早、水平较高的城市。现代足球亦在昆明普及开来。①

　　除了西方近代体育娱乐外，云南在该时期较为流行的新潮娱乐还有如下几种：①看电影。电影是清末传入云南的，1913年，蒋范卿于翠湖的水月轩首创昆明第一家电影院，与法商正式签订合同，专门放映百代公司发行的法国片，影片均为默片。1916 年，邓和风创办昆明最早的一家较正规的电影院——新世界影院，首创讲解员讲解影片内容的做法，并以耀龙公司电力与自置发电机电力相结合保证电力供应，营业日益红火。之后，大世界影戏院（约 1917 年）、大乐天影戏院（约 1918年）、新云南影戏院（1924 年）、天外天影戏院（1926 年）相继创办，至 1937 年，相继创办的还有光华影戏院（1930 年）、逸乐影戏院（1931 年）、大中华影戏院（约 1933 年）、大众影戏院（1934 年）等影院。② 1933 年出现有声电影。大中华电影院就因专门放有声电影而出名，影片有《四郎探母》、《啼笑姻缘》及托上海电影公司从美国进口的一些美片。③ 电影院的大量创设一定程度上反映了人们对电影市场的需求，看电影日益成为人们日常娱乐的主要方式之一。南屏大戏院"每易新片，则座客恒满，日放二幕，夜亦二幕，每当固定购票时，门外人多于卿，拥挤不堪。停演时街中汽车、人力车、行人男女杂还

---

　　① 参见谢本书、李江主编《近代昆明城市史》，云南大学出版社 1997 年版，第 172—173、110—181 页。

　　② 参见谢本书、李江主编《近代昆明城市史》，云南大学出版社 1997 年版，第 182—183 页。

　　③ 《昆明日报》编：《老昆明》，云南人民出版社 1997 年版，第 391 页。

喧闹扰攘，道为之塞"。①因电影是由电光、机械和摄影制作等多种先进技术组合而成，所以电影的流行某种程度上使人们对近代科学技术加深了认识，具有启发思想、更新观念的作用。②赛马。1935 年《云南日报》以《昨日赛马会盛况》为题报道了昆明县赛马会，"在县属第二区跑马山举行，到会达三万余人，龙主席偕夫人及男女公子等，亦亲莅会场，大会于上午十一时开始，至下午四时半举行完毕，热烈情况，为空前所未有"。②之后省府议决定次年春季举行全省赛马大会，③并制定了由教、建两厅拟定经省府核准的云南赛马会章程，④赛马逐渐在全省范围内盛行。③游公园、参观博物馆等等，渐渐为人们所接受。在昆明，1922 年市政公所成立后，提出将昆明建成"园林都市"的设想，于是积极着手旧公园的整修及新公园的建设，1923 年 5 月拟定《昆明市管理公园规划》。同年，除整修大观公园外，古幢公园、圆通公园、近日公园、西山公园相继建成开放。此外，龙泉观（今黑龙潭公园）、太和宫（今金殿）、筑竹寺等亦为游人如云的名胜。⑤公园的大量修建和对外开放，成为民众休闲娱乐的好去处。上述新潮娱乐活动多存在于以昆明为中心的城市，而对于广大的农村地区娱乐形式尚多限于传统的方式。

2."文明结婚"与"集团结婚"开始流行

"文明结婚"或称"新式结婚"，在云南最早出现在宣统三

---

① 陈度：《昆明近世社会变迁志略》卷三·礼俗，稿本。

② 《云南日报》1935 年 7 月 26 日第 6 版。

③ 《云南日报》1935 年 8 月 3 日第 6 版。

④ 《云南日报》1935 年 11 月 10 日第 6 版。

⑤ 参见谢本书、李江主编《近代昆明城市史》，云南大学出版社 1997 年版，第 168 页。

年（1911）二月初五的《云南日报》。该报"本省要闻"中，以《文明结婚》为题，报道讲武堂教习顾某和张姓女借营业性礼堂成婚，"礼毕分男女入座，觥筹交错，举动文明"。至于"文明结婚"具体仪式有何改进，报道并未提及。直至民国二年（1913）年一月，三迤总会正会长、"绅界"知名人士李南彬的女儿，下嫁陆某，昆明《振华日报》以《文明结婚》为题，对具体仪式作了报道。婚礼首先由男方家长致欢迎词，接下去是男女主婚人见面、新夫妇见面、新郎领新娘和翁姑见面、新娘领新郎见岳父母和女家亲戚、晚辈和一对新人见面，李南彬最后对宾客演说，阐明男女平权和为什么要改良旧婚俗的道理。婚礼完成，用"茶果"招待客人。同月，军界张子贞与展姓女也是举行的"文明结婚"。① 因"行文明婚礼，缛礼渐除，费用亦省"，② 之后，在昆明之外的一些地方也逐渐出现了"文明结婚"者，如昭通县"间有行文明礼者"③、新平县"近日有改用文明结婚者矣，但不过一二家而已"④、元江县"近日间有仿行文明结婚礼式者"⑤、楚雄县"近来社交公开，已渐有采用文明结婚仪式"⑥。但由于数千百年积习，婚礼一时间难以改革，因而行文明婚礼者只是少数，婚嫁"仍多遵行六礼"，

---

① 黄石：《民国时期昆明婚丧习俗的衍变》，《云南文史资料集萃（十）》，云南人民出版社 2004 年版，第 665—666 页。

② 《昆明市志》，民国十三年（1924）铅印本，见丁世良、赵放主编《中国地方志民俗资料汇编》（西南卷·下），北京图书馆出版社 1991 年版，第 730 页。

③ 卢金锡总纂：（民国）《昭通县志稿》卷六·礼俗，1937 年铅印本。

④ 吴永立、王志高修，马太元纂：（民国）《新平县志》卷之五·礼俗，1933 年石印本。

⑤ 《元江志稿》，民国十一年铅印本，见丁世良、赵放主编《中国地方志民俗资料汇编》（西南卷·下），北京图书馆出版社 1991 年版，第 801 页。

⑥ 民国云南省民政厅档案，"云南省楚雄县风俗调查纲要"，卷宗号"11—8—123"。

"文明结婚"主要集中在城市及受过新式教育或比较接近西方文化和西方生活方式的人群，如绅界、军界和学界。

由于"文明结婚"仍须一定的场面，并且大都要置办酒席，大宴贺客，虽然旧式婚礼中传统的东西少了，但花销却减不下来，于是在1934年蒋介石倡行的"新生活运动"中，以简单、经济、庄严为特点的"集团结婚"出现了。同年10月，昆明成立了"新生活集团结婚指导会"。市长陆亚夫、公安局长岳树藩分任该会正副委员长。开办经费由国民党昆明市党部、市府、公安局、公众教育馆四家各出20元，日常经费，册呈民政厅转请省府发给。① 1936年"昆明市新生活第一届集团结婚，定于二十一日下午五时至六时，在省部大礼堂举行演礼，观礼人数共三百余人"。② 之后又办过一届，就没有再办，直至20世纪40年代再度举办，一直办到解放前夕。③

3. 社会交往趋向人人平等

在中国长达2000多年的封建专制社会中，人与人之间不平等的现象随处可见。南京政府成立后，极力提倡人人平等的社会新风尚。对于人们交往中存在的反映人格上不平等现象的封建礼节、称呼等，临时政府明令加以废除、更改。南京临时政府成立以后，宣布废除清朝施行的叩拜、作揖、请安、打千、拱手等繁缛的旧式礼节，而代之以鞠躬为主，规定普通相见为一鞠躬，最敬礼为三鞠躬。1912年3月，临时大总统指令内务部"革除前清官厅称呼"，"嗣后各官厅人员相称，咸以官

① 黄石：《民国时期昆明婚丧习俗的衍变》，《云南文史资料集萃（十）》，云南人民出版社2004年版，第669页。

② 《七对新人演婚礼》，《云南日报》1936年3月22日第7版。

③ 黄石：《民国时期昆明婚丧习俗的衍变》，《云南文史资料集萃（十）》，云南人民出版社2004年版，第669—670页。

职；民间普通称呼则曰先生、曰君，不得再沿前清官厅恶称"。① 云南"到了辛亥革命后，派往外洋去留学的学生，毕业归来……宣传新风气，感到尊卑长幼之间，礼节太繁了，于是由跪拜礼节，改为行鞠躬礼"。②

　　身份等级的否定，也使"男女授受不亲"和男尊女卑的传统交往格局逐渐改变，男女社交由完全的禁闭逐步转为公开自由。自 1908 年云南女子不仅享有同男子一样受教育的权利，并且以后逐步出现男女同校，如 1923 年东陆大学"学生现有预科四班，共计九十余人，并有女生八人，试行男女同校"。③ 之后男女同校逐渐普遍。多年来被禁锢于深闺的女子开始走出闺房，上街和参加社交活动。"1916 年 1 月 6 日起，昆明恢复男女同场看戏……'三八'妇女节前夕，即 1918 年 3 月 4 日，'新世界'白天放映电影，'仿照各戏园办法，男女票均售'"，④ 出现了男女混座看电影的景象。新文化运动中因"工作上的联系，少数人逐步了解男女社交公开的意义，反掉了几千年'男女授受不亲'的封建束缚"，⑤ 昆明男女学生的社交日渐公开。

（三）近代新思想观念迅速蔓延

　　正如马克思所说："随着每一次社会的巨大变革，人们的

---

　　① 《内务部咨各部省革除前清官厅称呼文》，《临时政府公报》第 27 号，1912 年 3 月 2 日。

　　② 昆明市志编纂委员会：《昆明市志长编》卷十三（内部发行），1983 年版，第 285 页。

　　③ 谢晓钟：《云南游记》，文海出版社印行，1967 年版，第 72 页。

　　④ 石阡：《昆明早期话剧——文明戏史话》，《昆明文史资料选辑》第十六辑，1991 年，第 88—89 页。

　　⑤ 昆明市志编纂委员会：《昆明市志长编》卷九（内部发行），1983 年版，第 149 页。

观点和观念也会发生变革。"① 辛亥革命倾覆了旧的国家政权和旧的制度，建立了以民主共和为特征的新政权，使人们在政治上和思想上获得了一次空前的大解放，而"五四"新文化运动更是加速了人们思想观念解放的这一进程，西方的民主、自由和平等观念迅速蔓延，逐渐深入社会的方方面面。李大钊曾指出："现代生活的种种方面都带有 Democracy 的颜色，都沿着 Democracy 的轨辙。政治上有他，经济上也有他；社会上有他，伦理上也有他；教育上有他，宗教上也有他；乃至文学上、艺术上，凡在人类生活中占一部位的东西，靡有不受他支配的。简单一句话，Democracy 就是现代唯一权威，现在的时代就是 Democracy 的时代。"② 五四时期的另一位思想家谭平山在《国民道德教育改造论》一文中也指出："今日时代思想的根本特质，就是民治主义，今日所谓民治主义的根本概念，就是平等自由两大观念。"③

这一时期云南追求民主，崇尚自由和平等的思想取向主要体现在：

政治改革方面，追求民主，如王毓嵩所撰《义务政府主义》一书认为："中国数千年君主，变而为民主，各种官吏，对国家应尽义务而不应享权利，毓嵩畅发其主义。此主义亦即林肯之民有、民治、民享，许行之与民并耕而食，饔飧而治之学说也。近时虽不能行，将来或可有采用之日。"当时该书发行之后，短期内便重印二次。④ 其时人们还呼吁云南应"实行

---

① 《马克思恩格斯全集》第 7 卷，人民出版社 1960 年版，第 240 页。

② 李大钊：《劳动教育问题》，《李大钊文集》（上），人民出版社 1984 年版，第 632 页。

③ 《谭平山文集》，人民出版社 1986 年版，第 160 页。

④ 民国云南通志馆编：《续云南通志长编》下册，第 653 页。

民治",并寄希望于政府"(一)予人民以言论的绝对自由！以云南人民思想之幼稚,更何能再经几许摧残？我盼望热心民治的执政诸公,把检查各报的命令打消。……(二)实行地方自治！……我们既承认民治为必当实行,就尽可放大胆子去尝试,怀疑是不行的,空谈更是不中用的,倘若只拿'尚待研究'一类的话来敷衍,决不能得出好的结果来；即使研究,也决不能研究得出一个好的办法,只有实行是办法"。[①] 在这种潮流的冲击下,由唐继尧示意周钟岳出面组织了云南民治实进会,表示民治要实进而不能空谈一阵,鼓吹要消除民治障碍,矛头所指当然是针对着北京政府掌权的一派军阀,至于他们自己,显然就不包括在民治障碍之内。[②] 尽管这是一篇表面文章,是欺人之谈,却一定程度上反映了当时人们对政治改革的取向。洞察云南政府统治的本质后,渴望民治的人们大声疾呼:"我们对于目下政府所希望的,只是集会言论出版及各种民众活动的自由,就是这种自由,我们也相信必须经过奋斗的洗礼。"[③]

教育及学术研究方面,追求个性发展和学术自由。1923年云南省实行的新学制,遵照国家壬戌学制,致力于"发挥平民教育精神；谋个性之发展"。对此种新学制云南时人充满乐观,认为"吾滇人……如尚欲循时世之潮流,求进一步之文化,则于此等最重大之教育事业,亦岂可不认真预备,以

---

① 杨兰春:《如何使云南新》,《滇潮》创刊号民国九年(1920)10月25日。
② 云南省社会科学院历史研究所编:《研究集刊》1989年第1期,第40页。
③ 《发刊词》,《革新》第1期(1925年10月1日出版),转引自昆明市志编纂委员会《昆明市志长编》卷九(内部发行),1983年版,第143页。

立将来文化之基础哉"。① 云南省立第一中学，"教学採自动的自习主义……其余课外运动则任其发展个性及天才"。② 学术上，崇尚自由，而"要想恢复学术思想的自由，就当打破下面的几种束缚：（1）当打破尊古的束缚……（2）当打破派别的束缚……（3）当打破习俗的束缚……才算是真正学术思想的解放"。③

新闻出版和集会结社方面，主张新闻出版和集会结社自由。如《革新》发刊词就明确提出"我们对于目下政府所希望的，只是集会言论出版及各种民众活动的自由"，④ 在这种呼声中新闻出版物和社团大量出现。辛亥革命到抗日战争前夕云南报纸种类达 54 种，刊物达 133 种。⑤ 风俗改良会、天足会等各种社会团体纷纷成立，据对"五四"前后 10 余年间不完全的统计，昆明相继建立了各种社团 61 个。⑥ 新闻出版和社团的大量涌现一定程度上体现了人们所渴望的新闻出版自由和言论、集会结社自由的实现。另一方面通过报纸、杂志和社团，人们又进一步宣扬并推动民主、自由、平等观念的传播。如《曙滇》创刊号"宣言"中就明确提出要把"贯彻国民生活的民主

---

① 雷协中：《吾人对于新学制之乐观》，《云南教育杂志》第 11 卷第 3 号，1922 年 5 月 1 日。

② 谢晓钟：《云南游记》，文海出版社印行，1967 年版，第 93 页。

③ 昆明市志编纂委员会：《昆明市志长编》卷九（内部发行），1983 年版，第 128—132 页。

④ 《发刊词》，《革新》第 1 期（1925 年 10 月 1 日出版），转引自昆明市志编纂委员会《昆明市志长编》卷九（内部发行），1983 年版，第 143 页。

⑤ 昆明市志编纂委员会：《昆明市志长编》卷十三（内部发行），1983 年版，第 20—29 页。

⑥ 云南省社会科学院历史研究所编：《研究集刊》1989 年第 1 期，第 37 页。

化"①作为自己的目标。据统计，在昆明出版的刊物中，讨论得最热烈的内容其中有：鼓吹女子解放，男女人格平等、社交公开；批判旧式婚姻，贞操观念，提倡自由恋爱；反对宗教迷信，提倡民主科学等。②这些都渗透着对自由、民主和平等的崇尚与追求。

　　婚姻观念方面，追求婚姻自由。民国年间追求个性解放的新知识分子极力推崇婚姻自由，如陈强华在《云南教育杂志》上发表《社会问题之发端》，认为"要男女交际公开，实行自由恋爱——以真挚之感情，带有道德意识之质素为条件——然后有真真自由结婚之可言。女人既有独立人格，自然当受社会的同等待遇，政治生活，也不是男子所能独占，不许女子参与的"。③云南一位名叫刘宇岐的女学生，因"受学有年，深明大义"，加以时代变换，"宣布共和，人人自由，天下皆知，而婚姻大事，尤为自愿"，反对家庭包办，与滇军大队长黄临庆自由恋爱。不料遭到父母的百般抵制。本想以死抗命，念及"适逢共和机会，文明发达；蛮奴尚未灭尽，死不瞑目"，遂向民政司投诉，大胆表白内心情感。她说："黄君热心国事，同胞皆知，钦慕久殷，生死何计，祸福不问。"如果家庭一味野蛮压制，"誓以死报，必不生还。我二万万同胞能有家庭改革及自由主权思想者，必能为我伸冤"，④表现了新女性对个人幸福的大胆追求和理想情操。这种提倡婚姻自由的风气逐步蔓延开来，诸如石屏"自从资本主义社会的个人自由竞

　　①　昆明市志编纂委员会：《昆明市志长编》卷九（内部发行），1983年版，第142页。
　　②　同上书，第118、123页。
　　③　同上书，第123页。
　　④　《文明结婚之罪人》，《民立报》1912年3月27日第5版。

争的病菌染入这社会以来，这古老的社会的一切内涵物渐渐地动摇而崩溃了来……离婚案子日益增多了"；① 地处偏僻的昭通也"近时人醉心欧化，竞言自由结婚，然离婚者时亦有之"。②甚至当时演戏内容也多有体现，如"何必当初"、"终身大事"，主要揭露旧婚姻之罪恶。③

当然，对于云南一些少数民族而言，婚姻自由本来就是他们的习俗，如丽江摩些族"他们的婚配，半由儿女自由选择，半由父母酌量主张，很与现代的潮流相吻合"。④

伴随人们追求民主，崇尚自由和平等的思想取向，人们的开放意识和对经济国际化发展趋势意识明显。以云南商会发起成立的附设于法政学校的高等商科学校的课程内容设置为例，该科的修业年限为四年，其中预科一年、本科三年，在读四年中各个年级的课程内容如表1—2所示。

表1—2

级别	所修课程内容
预科	商业道德 商业作文 数学、珠算 商业簿记 应用物理学 应用化学 法学通论 经济通论 英语 日德法语中之一语 体操
本科一年级	商业道德 商业作文 商业算术 商业地理 商业簿记 商业通论 商品学 经济学 私法 英语 二外 体操

---

① 莎雯：《石屏素描》，《云南日报》1935年7月27日。

② 卢金锡总纂：(民国)《昭通县志稿》卷六·礼俗，1937年铅印本。

③ 昆明市志编纂委员会：《昆明市志长编》卷九（内部发行），1983年版，第119页。

④ 《丽江一瞥》(续)，《云南日报》1935年11月9日第5版。

续表

级别	所修课程内容
本科二年级	商业数学 外国商业 银行簿记 经济学 统计学 私法 银行论 货币论 银行实务 铁道经济 保险 仓库税关 运送 英语 二外
本科三年级	商业数学 簿记原理 工业簿记 财政学 商业政策 工业政策 农业政策 商法 破产法 国际法 商业实践 英语 商业历史 二外

　　资料来源：云南省档案馆：《民国云南省建设厅档案卷宗》，卷宗号"77—5—205"。

　　从以上课程内容设置来看，首先是非常注重学生对外语的掌握，即学生四年学成要求必须懂得至少两种外国语言，而英语则是必修的外国语。其次则比较注重商业方面的国际知识及理论的学习，如国际法、外国商业、破产法等。这足以体现出当时人们具有明显的开放意识及经济国际化发展趋势意识。

三　抗战内迁中云南社会风尚的进一步变化及转向

　　1937 年日本侵华战争全面爆发后，国内形势巨变，华北、华东地区大片国土相继沦陷，国民政府被迫迁都重庆，全国的政治、经济、军事中心随之向西南转移，西南成为抗日战争的大后方，地处西南边疆的云南得到了一个较好的发展契机。

（一）促使云南社会风尚进一步变化及转向的主要因素

　　企业学校及相关机构的大量内迁，云南交通的重大变化及基于民族团结和共同抵御外侮考虑，由国民政府开展的对云南边疆民族地区的治理，三件事情共同推动了云南社会风尚的进一步变化及转向。

1. 企业学校及相关机构的内迁

1938 年，国民政府迁都重庆，伴随着全国政治、经济、文化重心向西南的转移，东部沿海、沿江地区的近代工业大量内迁，其中很大一批迁入云南。在 1937 年至 1938 年间，资源委员会副主任钱昌照几次到昆明，同云南省政府主席龙云和云南省经济委员会主任委员缪云台联系。经过协商，达成协议："由资源委员会和云南省政府在滇合办厂矿企业，资源委员会出资金和人员，如有盈利，双方均分；如有亏损，云南方面不承担责任。这样，当时还没有什么重工业的云南即可从中分享盈利，因此乐而为之。"① 到 1940 年，昆明已发展成为与重庆、川中、广元、川东等并称的西南大后方 8 个工业中心区之一，其时昆明地区重要的工业企业已达 80 个，仅次于重庆和川中区，居西南第三位。② 这些企业的迁入使昆明形成了 4 个工业区：以机械制造为主的茨坝区、以电工器材生产为主的马街区、以兵工生产为主的海口区、以钢铁生产为主的安宁区。这些工业区内的工厂生产制造出大量的军工民用产品，有力地支援了前线的抗日战争。③ 内迁工厂在给迁入地区带去先进生产力改变生产方式的同时，一定程度上也改变了当地人们的生活

① 钱昌照：《资源委员会及其在云南的活动》，《抗战时期内迁西南的工商企业》，云南人民出版社 1989 年版，第 2 页。
② 谢本书、李江主编：《近代昆明城市史》，云南大学出版社 1997 年版，第 203 页。
③ 昆明政协文史学习委员会编：《历史文化名城昆明》，云南美术出版社 1999 年版，第 31—32 页。

方式。如 1939 年中央杭州飞机制造厂先迁昆明，后迁云南西部瑞丽县垒允，这里"物产丰富，风光绮丽，民风淳厚，居住着勤劳善良的傣族和多种少数民族。这里商品经济不发达，边民保持着以物易物的风尚，不使用钱币。中杭厂迁来后，这种情况才开始逐渐改变"。①

除企业外，大量学校也开始内迁，迁入云南的高校主要有国立西南联合大学、国立同济大学、国立中山大学、私立华中大学等 10 余所，绝大多数集中在昆明，少量高校分布在其他中小城市。它们的到来极大地改变了云南的教学观念，影响着云南的士风民风。如诞生于战争烽火中的西南联合大学，不仅"内树学术自由之规模，外来民主堡垒之称号"，而且实现了"转移社会一时之风气"。② 前云南大学教授白之瀚先生在《公送国立西南联大北归复校序》中，就曾指出西南联大对云南"学界风气之转移"的具体影响，他说："滇人士之从事教育，垂五十年，虽用力甚勤，而观摩阙如。而联合大学南来，亲见其蒙艰难，贞镂而弗舍，举亨困、夷险、祸福，胥不能夺其志。因推阐其本末一贯之理，知夫施诸治学，则为一空倚傍，实事求是；见诸行事，则知耻适义，独立无惧；反之于身，则富贵不淫，贫贱不移，威武不屈；推之于人，则为直道而行，爱之以德。盖析之则为个人品格，合之则为一校之风，其不志温饱，特全德表著之一端耳。观联合大学诸先生，类多在事数十年，乃至笃守以终身，是岂菲食恶衣所能尽哉！惟其然也，故能以不厌不倦者自敬其业，而业乃久；以不忧不惑者自乐其

---

① 云南军志办公室：《中美合办的中央飞机制造厂及迁滇建立垒允厂始末》，《抗战时期内迁西南的工商企业》，云南人民出版社 1989 年版，第 159 页。

② 《国立西南联合大学纪念碑》，《续云南通志长编》中册，第 824 页。

道，而道乃尊。夫然后教育事业之神圣，学术思想之尊严，乃有所丽，而可久维于不敝。如是熏习而楷模焉，久与俱化。他日士气民风，奂然丕变，溯厥从来，知必有所由矣。以其关系为何如者！"① 由联大"闻一多等教授主持的《民主周刊》，以及《自由论坛》、《大路周刊》、《时代评论》等报纸"，② 不仅传播了爱国民主思想，也对转移云南社会风气起了重要作用。

此外在抗战时期内迁的还有行政管理机关、商店、银行等。

内迁使大量沿海及内地人口涌入云南，据估算内迁人口不下百余万。③ 又据 1946 年 6 月《云南省各属沦陷区人民寄居调查表》所载："云南全省有内迁人口的 1 市 28 县，以分布情况而言，除昆明市最集中外，昆明市附近的安宁、呈贡、宜良诸县也比较集中，此外还分布在滇越铁路和几条公路沿线，如川滇线的会泽、昭通、寻甸，滇黔线的陆南、宣威，滇酒线的楚雄、姚安、祥云、漾鼻、龙陵、凤仪及滇越路的蒙自等县。"④ 人口的涌入大大拓展了人们的社会交往，外来风尚逐步感染并影响着云南当地社会风尚。如迁滇高校来了以后，全国各地的优秀师生在居滇期间，通过社会调查、兼课、办平民学校等诸多途径，将各自家乡的风情习俗、思想观念传播到云南，对开阔云南人民的视野，改变云南人传统的思想观念，产生了重大

---

① 西南联大北京校友会编：《国立西南联合大学校史》，北京大学出版社 1996 年版，第 101 页。

② 同上书，第 99 页。

③ 据龙云回忆：蒋军驻澳部队有数十万，美军及技术人员 2 万多人，总计涌来的军民不下百余万人。见中国人民政治协商会议西南地区文史资料协作会议《抗日民族统一战线在西南》，四川人民出版社 1990 年版，第 263 页。

④ 《云南难民调查》中国第二历史档案馆，二一，2109，转引自张根福《抗战时期人口流迁状况研究》，《中国人口科学》2006 年第 6 期。

的影响。^① 自华中大学搬到喜洲后，"居民们不仅见到和吃着过去毫无所知的花菜、番茄等'洋花菜'、'洋辣子'，而且也开始学会种植这些外来菜蔬"。^②

2. 交通条件的改善

抗战前云南交通运输除了滇越铁路外，基本上仍停留在靠马帮运输的落后时代。民谣"云南在天上，一日上一丈"形象地描绘出云南交通的艰难状况。"七七"事变后，为了抗战的需要，也为了自身的发展，云南掀起铁路、公路、航空等"六运"齐上的交通建设热潮，云南交通网络得到进一步完善。铁路方面，修成了昆明至沾益、昆明至安宁两条路段 210 公里通车，铁路运输包括原有的滇越铁路昆明至碧色寨在内，保持畅通至抗战胜利。公路方面，成绩显著。全省公路新修、续修和由交通部门管、养、改善的路段达 60 多条（段）。其中新修通车公路 27 条（段），总长 1793.6 公里；续修通车 17 条（段），总长 1258.9 公里；新修通车"汽车运驿道" 1 条，27 公里；专案新修驮马驿道 1 条，109 公里；到省外（贵州和缅甸）修通车公路 412.9 公里。到抗战胜利结束时止，总计全省有通车公路 3608.4 公里。^③"比之战前，公路总里程增加了 2.19 倍，通车里程增加了 3.14 倍；通公路县（设治局）由战前的 19 个增加到 54 个。"^④ 基本形成了以省会昆明为中心的公路网络。

---

① 何斯民：《抗日战争对云南思想文化的影响》，《中国西南文化研究》，云南科技出版社 2005 年版，第 8—9 页。

② 马敏、汪文汉主编：《百年校史：1903—2003》，华中师范大学出版社 2003 年版，第 90 页。

③ 云南省交通厅云南公路史志编写委员会云南公路史编写组：《云南公路史》（第一册），国际文化出版公司 1989 年版，第 223 页。

④ 张笑春：《抗日战争时期云南的交通开发》，《云南文史丛刊》1992 年第 1 期，第 5 页。

其中尤其是滇缅公路和贵昆公路、川滇公路的建成与通车，内连川、藏、黔、桂四省，外接越、缅、印东南亚各国。航空方面，昆渝、昆蓉、昆粤、昆明至河内、昆明至仰光、昆明至加尔各答航线先后开辟，中印驼峰航线的开辟和通航，在危难中沟通了云南与国际、国内的空中联系，维持了战时航空邮政的畅通，促进了云南空运事业的发展。抗战时期云南交通的发展，有力促进了商品经济和新兴工业的发展，大大扩展了人们社会交往的空间范围，使云南社会风尚空前开放。

3. 国民政府对云南边疆民族地区的治理

为了巩固边疆、稳定地方秩序，团结云南各族人民共同抗战，国民政府及地方当局推行了一系列经营开发云南的边疆民族政策，主要表现为三方面：首先是政治方面，设立云南省边疆行政设计委员会等组织，负责组织对边区各民族生活、国防界务等方面进行实况调查，拟具边地革新具体方案，以达到在民族地区宣传政府"德威"、普及文化教育，促进边疆开发、谋求"汉夷民族"融合的目的，如 1939 年颁布了关于"为团结整个中华民族，边疆同胞应以地城区称为某地人，禁止沿用苗、夷、蛮等称谓"的训令。[①] 民国二十九年（1940）一月十八日中央社会部会同教育部及中央研究院开会商讨之决议案订定"改正西南少数民族命名表"之原则："（1）凡属虫犬鸟偏旁之命名一律去虫犬鸟偏旁改从人旁。（2）凡不适用于第一项原则则改用同音假借字。（3）少数民族称谓其根据生活习惯而加之不良形容词如'猪屎仡佬'、'狗头瑶'之'猪屎'、'狗

---

① 张文芝：《抗战时期国民政府对云南边疆民族地区的治理》，《云南档案》2005 年第 3 期。

头'等应概予废止"。① 1939 年省政府制定了"云南今后边地
党政教设施计划"，主要内容包括坚持民族平等，提倡"汉夷"
通婚，培养边地党务、政治、教育人才，增强边民爱国意识教
育等。为了增强边民爱国意识教育以利抗战，1940 年云南刘
参议员等在"拟咨请省政府转呈中央宣抚苗傈各民族以利抗战
而挽危局案"中就提请"由中央通饬各边省迅即选择……各族
中之优秀青年参合汉族青年组织宣传……其宣传工具如电影
机、留声机、摄影机、彩画片……等物，凡富有民族抗战之刺
激性者均须配置完备，以资宣导"。② 其次是经济方面，要求各
地修筑村落来往的道路和与各属联络的道路，以加强内地与各
民族之间的经济文化交流；奖励并保护内地人民自由迁移边区
从事开发；提倡畜牧和小规模工业，由官商集资组织边区垦殖
公司，经营边区矿产开发事宜。再次是文化教育方面，扩大边
疆教育机关，推广边区中小学教育。如民国二十八年（1939）
制订的"云南今后边地党政教设施计划"中规定，推广边地中
小学教育办法："（一）在下列各地设省立简易师范学校，开办
四班三至二年的师资培训班，并附设小学。德钦、腾越、缅
宁、镇康、车里、开化。（二）于下列各地设省立小学并推办
一年至二年之师资训练班。中甸、维西、福贡、贡山、碧江、
兰坪、泸水、盈江、潞西、莲山、陇川、瑞丽、镇康、双江、
澜沧、六顺、宁江、佛海、南峤、江城、金平、河口、邱北、
富州、砚山、六城坝。"③

　　国民政府对边疆民族地区所进行的大规模调查及开发工

①　民国云南省民政厅档案，卷宗号"11—8—12"，云南省档案馆藏。
②　同上。
③　民国云南省民政厅档案，卷宗号"11—8—74"，云南省档案馆藏。

作，从各个方面深入云南边疆民族地区，推动了边疆民族地区的发展，一定程度上改变了云南边民长期处于落后和半开化的状态，是推动云南民族地区社会风貌变化的重要力量。

（二）抗战内迁中云南社会风尚进一步变化的表现

社会风尚的变化、变化的程度，与趋新群体的规模、本地区经济文化发展水平和趋新势力的活跃程度紧密联系。沿海企业学校及相关机构的大量内迁使云南趋新群体的规模扩大，经济文化空前发展，加之以龙云为主席的省政府对具有新思想新观念的知识分子的开明态度有力地活跃了趋新势力，这些使该时期云南社会风尚进一步变化并有了新的内容。

1. "崇洋"风尚继续发展，城市新型风尚增多，思想较前开放

以昆明为例，从民国以来，昆明的房屋西式楼房还比较少，至抗战内迁时期，许多达官贵人的到来以及城市经济的发展，使昆明出现了兴建西式楼房的热潮，街道"两旁的建筑相当的现代化，入夜霓虹灯照耀着，无线电收音机广播着各种音乐歌唱。这一切的声色以形成昆明为西南边疆的大都会，当无愧色"。[1] 出行方式方面，公共汽车日渐盛行，自1934年"试开昆明市内公共汽车"之后，1942年8月"昆明市区公共汽车开行"，[2] 以近日楼为起始站，至黑林铺、高境、苏家村、小石坝、大板桥、安宁、温泉、小板桥、呈贡、白龙潭、黑龙潭、龙头村、杨林、嵩明、羊街、巫家坝、昆阳、玉溪、海口、宜

---

① 《到西南去·昆明的素描》，民众书店1939年版，第33页。
② 黄恒蛟主编：《云南公路运输史》（第一册），人民交通出版社1995年版，第260、269页。

良、昭通。① 公共汽车成为城市人们出行的主要方式之一，如联大外文系吴宓教授的日记记载，1942 年 12 月 11 日下午，吴与两友人去昆明大戏院看美国片《罗宫春色》，"约晚 7∶00 毕，宓偕琼由近日楼乘市立公共汽车（两人 $ 10）至西站"。② 王力（即王了一）1945 年亦记载："最近因为迁居乡下，每星期须坐几次公共汽车。"③ 行为方式方面，新潮娱乐不断发展，种类日渐增多，花样不断翻新。如西方的交际舞逐渐盛行，这可以从昆明日渐增多的舞厅窥见一斑。据统计，从 1937 年至 1949 年，昆明东区共有 10 家，均为私营。开设最早的是和平舞厅（正义路），接着是百乐门舞厅（民生街）、商务酒店花园舞厅（巡津街）、皇后饭店舞厅（其址是今北京路市公安局），还有晓东街的咖啡舞厅、"华达"、"波士登"和护国路的"乐乡"，以及"金门"、"丽都"等，其中最大的和平舞厅，可容纳舞客 150 余人，内有歌女演唱和舞女表演"大腿舞"。④ 昆明市区西北角也受此"流行风"影响，据汪曾祺《泡茶馆》记载，大西门内有家茶馆兼舞厅，"进大西门，是文林街，挨着城门口就是一家茶馆……茶馆墙上的镜框里装的是美国电影明星的照片，蓓蒂·黛维丝、奥丽薇·德·哈兰、克拉克·盖博、泰伦宝华……除了卖茶，还卖咖啡、可可。这家的特点是：进进出出的除了穿西服和麂皮夹克的比较有钱的男同学，还有把头发卷成一根一根香肠似的女同学。有时到了星期六，

---

① 黄丽生、葛墨盒编著：《昆明导游》，光华印书馆 1944 年版，第 84 页。
② 吴宓：《吴宓日记》第八册（1941—1942），三联书店 1998 年版，第 424 页。
③ 王了一：《龙虫并雕斋琐语》，中国社会科学出版社 1982 年版，第 146 页。
④ 参见《昆明市盘龙区文化艺术志》，云南人民出版社 1994 年版，第 194 页。

还开舞会。茶馆的门关了，从里面传出《蓝色多瑙河》和《风流寡妇》舞曲，里面正在'嘣嚓嚓'"。① 除跳舞之外，娱乐形式还有打桥牌、开茶话会等，据梅贻琦1941年1月11日日记记载，"午后三点在大普吉研究所新造储库开同人家属茶话会，到者男女老幼约六十人"，1942年9月26日"午饭后，打桥牌约二时"；② "现在麻雀新花样极多，又不算和数，一翻一百和，两翻两百和，三翻四百和。或小和一百，一翻二百，二翻四百，三翻八百。便捷之至。"③ 社会交往方面，由"（20世纪）二十年代女性看电影还只能看'午场'……而且银幕横亘中间，男的看正面，女的看背面"，④ 发展为该时期女性看电影不仅可以看夜场，男女之间甚至可以跳交际舞。如"希英表妹"写给"蝶衣表哥"的信里提到："在理发店里'做'好头发已经是晚餐的时候了！常常在南屏吃完饭喝点咖啡，再看九时一刻的电影，十一点后昆明有家本地的馆子叫东月楼，很有名，到一二点还有米线或鸡腿吃，宵夜是很普遍的。"⑤ 梅贻琦1941年4月1日日记也记载："晚饭约杨蔚兄妹、陶维正、维大来家便饭……饭后原拟约诸小客往南屏看电影，因未买得座票未往。"1943年3月3日"晚 Col. Sutherland&Col. Kohloss 在美领事馆请客，主客为宋总司令希濂，他客有卢永衡、刘师尚、马祝三、谬云台、张信孚，女客七八人……饭后仍为跳

① 汪曾祺：《蒲桥集》，作家出版社1994年第2版，第161页。
② 《梅贻琦日记（1941—1946）》，清华大学出版社2001年版，第4、108页。
③ 浦江清：《清华园日记 西行日记：增补本》，生活·读书·新知三联书店1999年第2版，第235页。
④ 龙显球：《建国前昆明电影放映事业》，《盘龙文史资料选辑》第四辑。
⑤ 杜希英：《昆明寄语》，《随草绿天涯》，东方出版中心1997年版，转引自王稼句编《昆明梦忆》，百花文艺出版社2002年版，第261页。

舞"。① 思想观念方面，联大的青年学生始终引领着云南开放的潮流。"在学校里……但不管谁穿什么，也没有人觉得奇怪。"② "夏天，你可以穿夏威夷衫或长袖衬衫，把袖管卷起来……至于女同学的服装，倒反而没有一定的标准。就色彩来说，穿素色的旗袍当然可以，穿花旗袍也不会受到别人的非议；就质料来说，丝的、毛的、麻的衣服均无不可。就服式来说，中式、西式，甚至于你愿穿什么样式，你就可自去做一套来穿上，以至于有几位女同学穿起男装，雄姿英发地在校内外参加各种活动，也没有人认为荒诞不经。"③

昆明之外，一些城市（镇）在内迁外来人员"新风尚"的影响下，风尚变化迅速，如西南联大文法学院在蒙自时，女生的衣着打扮对蒙自女学生的影响："学校附近有一湖，四围有人行道，又有一茶亭，升出湖中。师生皆环湖闲游。远望女学生一队队，孰为联大学生，孰为蒙自学生，衣装迥异，一望可辨。但不久环湖尽是联大学生，更不见蒙自学生。盖衣装尽成一色矣。联大女生自北平来，本皆穿袜。但过香港，乃尽露双腿。蒙自女生亦效之。短裙露腿，赤足纳双履中，风气之变，其速又如此。"④ 蒙自"妇女的旗袍袖子长到腕部，而联大女同学们的旗袍袖子已短到肩部，几乎没有袖子了。不久，当地妇女的衣袖受到影响，越改越短，以致胳膊上显出几节深浅分明

---

① 《梅贻琦日记（1941—1946）》，清华大学出版社 2001 年版，第 134 页。

② 吴大猷：《抗战期中之回忆》，《传记文学》第五卷第三期，第 6 页。

③ 叶方恬：《苦难中成长的西南联大（外三章）》，《云南文史资料选辑》第三十四辑，1988 年版，第 113 页。

④ 钱穆：《八十忆双亲·师友杂忆》，生活·读书·新知三联书店 2005 年第 2 版，第 206 页。

的肤色"。① 中山大学师生到澄江后,"给澄江人以不少的教益,澄江人一方面学会了早起,卫生,守时,灭蝇,请西医,饮滚水,它方面也学会了使用旗袍,高跟(鞋),西装,革履,吃大餐,尝美味"等。② 新型风尚也不断增多,如蒙自的西南联大师生,"当时蒙自晚上没有电灯,天黑之后,师生们无处可去,最普遍的消遣就是在油灯或烛光下打打桥牌,不少人乐此不疲,兴致非常高。联大师生来到蒙自后,一些越南人在学校附近开设了几家小小的咖啡馆,也吸引了很多人"。③

2. 风尚变化的地域空间和群体范围扩展,且具有深层次性

该时期由于企业学校及相关机构的内迁、交通条件的改善,长期处于落后和半开化状态的云南一些农村(尤其是边疆民族地区的农村)地区社会风貌发生显著变化。如曾经"大家谁都不愿意照相,说坐在相机前面以后,很快就会一命呜呼"④的村民,现在已变为"(彝族妇女们)盛装出迎,和联大女同学们照相"。⑤ 又如前面提到的 1939 年中央杭州飞机制造厂迁至云南西部瑞丽县垒允之后,促进了当地少数民族物品交换方式的改变,而交换方式的改变必然体现并进一步推动着观念的变化。

国民政府在边疆民族地区的大规模开发及治理也大大拓展

① 周定一:《蒙自断忆》,《西南联大在蒙自》,云南民族出版社 1994 年版,第 83 页。

② 余一心:《抗战以来的中山大学》,《教育杂志》第 31 卷第 1 期,1941 年 1 月 10 日,第 5 页。

③ 北燕:《忆蒙自》,《西南联大在蒙自》,云南民族出版社 1994 年版,第 115 页。

④ 〔法〕亨利·奥尔良:《云南游记:从东京湾到印度》,龙云译,云南人民出版社 2001 年版,第 42 页。

⑤ 周定一:《蒙自断忆》,《西南联大在蒙自》,云南民族出版社 1994 年版,第 83 页。

了风尚变化的地域空间和群体范围，改变了民族地区人们的传统风尚，尤其是外来人员带来的先进技术和知识不仅有助于提高边民的生产生活水平，而且更深刻地影响着民族地区的价值观念和生活方式，致使一些民族地区的少数民族传统风尚开始发生变化。

该时期人们对社会新风尚的追求，已经不再仅仅停留在简单的物质层面，也不像民国初年那样盲目跟从，而是从意识形态层面来思考、弘扬诸如追求自由、平等个性发展的资产阶级道德风尚，改革落后封建风俗习惯的有意识的自觉行为的人群逐步增多，实践这一观念的群体力量也不断壮大。拿时人对婚姻礼仪的改革来看，推行新式婚姻的趋新群体多数已理解包含在新式婚姻中的所谓婚姻自由、男女平等的真正意义所在。如在战时因"物价腾涨，'法币'不断贬值，许多人家的经济情况不断下降；又由于男女间的社交公开化，寻找对象不再受到干预，一些女方家长虽然仍然按照旧俗，在'下聘'、'过礼'上提出苛求，而当婚男女相约、反抗家长，已经不乏先例……'同居'和'旅行结婚'，就是其中两种"。① 另据章朱对昆明职业妇女婚姻决定权的调查显示，②101 人中有 68 人认为婚姻由本人做主，经父母同意，约占 67%，认为应由本人做主者 16 人，约占 16%，由父母做主，经本人同意者有 6 人，约占 6%，显然绝大多数职业妇女已经具有婚姻自主的自觉意识。

---

① 黄石：《民国时期昆明婚丧习俗的衍变》，《云南文史资料集萃（十）》，云南人民出版社 2004 年版，第 669 页。

② 参见李文海主编《民国时期社会调查丛编·婚姻家庭卷》，福建教育出版社 2005 年版，第 498 页。

（三）抗战内迁中云南社会风尚的转向

抗日战争爆发后，国民党统治重心西移，云南成为抗战的大后方。在特殊的内迁历史背景下，云南社会风尚在崇洋、崇尚资产阶级自由民主平等思想观念继续发展的过程中日渐转向以爱国主义为主要取向，不论是对民族、国家、社会的思考，还是在个人的日常行为方式和理想追求等方面，都显示出了以爱国主义为取向的价值判断和认知标准。

1. 民族、国家等政治元素较多显现于风尚变迁中

云南在成为国民党政府抗战大后方重要基地后，鉴于当时国势日益紧张，龙云向中央提议赶修滇缅公路，以打通国际交通线。"自二十六年十二月兴工，至二十七年八月，此艰难险阻之修途，全线粗告完成。"滇越铁路被切断后，"兹路遂成为中国惟一之国际交通线"。①"还有节约运动的厉行，宴会娱乐的节制，以及男女跳舞等亵渎浪漫行为的禁止，都是用政治的力量来以警觉督促，一般人民，使知为抗战建国而淌汗，以配合前线的流血，而期巩固最后胜利基础的切要措施。"②国难当头，为了民族的生存自由，"住在云南的人，不论士农工商，他们的知识程度尽管不同，但那服从领袖保卫国家的民族意志，却无丝毫差异。在云南境内这一段的滇越车上，充分的看出民族意志已经深切的达到了下层民众。行驶这一段的四等车的车壁上，七歪八斜的写着些'服从蒋委员长，打倒日本帝国主义'，'中国人联合起来'这一类的标语。……所谓四等车，除了两列凳之外，当中并没有座位，

---

① 郑崇贤：《滇声》，香港有利印务公司，民国三十五年（1946）版，第7页。
② 裴存藩：《一年来的云南》，《新云南》1939年第1期。

乘客之中，几乎没有一个人衣冠整齐的，差不多都是劳苦的同胞，农人，工人与小贩。"[①] 并且不断有时人呐喊："中华民族是不能为日本强盗而屈服的。为争取全民族的解放与自由平等，云南一千七百万同胞啊！应赶快动员和组织起来，为保卫云南而战斗吧！"[②]

2. 爱国主义风尚已经渗入到人们日常生活的许多方面

物质生活方面，主张"不用敌人和汉奸银行的钞票；不买敌人的货物，不卖粮食和一切物品给敌人和汉奸"。[③] 同时"鉴于抗战时期，凡中国人民，勿论男女皆应振作精神，尤以女子更须竭力洗除过去柔弱依附之恶习，适应战时需要"，因此腾越简师"请求学校，先由最低限度之制服做起，即改旗袍为短装，与男子制服同样，将发剪短"[④] 等。行为方式方面也处处蕴涵着爱国的思想。如"1938 年的春节，是抗战时期的第一个春节。蒙自城家家户户的春联都用朴素激昂的语言表达抗日的信心和决心……他问我家门联的内容，我说（是）'打倒日本强盗，肃清卖国汉奸'……荣兴说他家的对联是'打回去（老）家去，收复东三省'"。[⑤] 就连人们的读书、娱乐、婚礼形式等无不和抗战救国联系在一起。如"大家觉得，在这抗战时期，咱们所读的书必须与抗战有关；和抗战没有直接关系的书

---

① 味辛：《新西南游记》，时代读物社 1939 年版，转引自王稼句编《昆明梦忆》，百花文艺出版社 2002 年版，第 34—35 页。

② 《保卫云南》，《南方》1939 年第 1 卷第 5 期。

③ 《云南省政府公报 国民公约》，《云南省政府公报》第十二卷第十期，中华民国二十九年（1940）二月。

④ 《简师女生改着短装》，《腾越日报》第三六〇号，民国二十七年（1938）10 月 10 日。

⑤ 蒙自师范高等专科学校，蒙自县文化局等：《西南联大在蒙自》，云南民族出版社 1994 年版，第 195—196 页。

自然应该束诸高阁。大家又觉得，抗战时期读书要讲效率，要在短期内，上之做到安邦定国的地步，下之亦能为社会服务，间接有功于国家"。① 娱乐方面，"近两年来，昆明的跳舞颇为盛行，于是跳舞成为社会讥评的对象。有些人根本反对国难期间的跳舞"。②"蒙自县城的大街小巷街头巷尾到处唱着救亡歌曲。"③ 婚礼形式上，"摆几桌喜酒，或登一个结婚启事，实际上都和婚姻没有必然的关系；但也不值得反对，因为那些都不失为点缀品。结婚的时候，如果有钱而大吃一顿，邀请亲戚朋友热闹一番，更是无可厚非。在这国难最严重的时期，难免遭受社会的批评的指摘（指责）；若在平时，更是心安理得的事了"。④

迁入云南的各高校师生，到云南后，更是以宣传抗日救亡为职责，把其贯穿于生活和学习中。他们以歌咏队、戏剧队、墙报、壁报、办刊物等形式深入许多地区进行宣传。他们演唱的《毕业歌》、《流亡三部曲》、《大刀进行曲》等歌曲，很快就在群众中广泛流传，起到了激发群众爱国热忱，鼓舞斗志的作用。"中山大学在澄江期间，师生们于教学之余，积极开展演话剧、举行晚会、报告会、出墙报、画刊等抗战宣传活动。对鼓舞群众的抗日情绪，改进社会风气，破除封建迷信起了很大作用。"⑤

然而，另一方面，我们也不能否认，抗日战争在把爱国主

① 王了一：《龙虫并雕斋琐语》，中国社会科学出版社1982年版，第17页。
② 同上书，第151页。
③ 蒙自师范高等专科学校，蒙自县文化局等：《西南联大在蒙自》，云南民族出版社1994年版，第197页。
④ 王了一：《龙虫并雕斋琐语》，中国社会科学出版社1982年版，第139页。
⑤ 云南省政协文史资料研究委员会编：《云南文史资料选辑》第五十三辑（内迁高校在云南），云南人民出版社1998年版，第192页。

义融入人们思想和行为的同时，也使一些没落腐朽的社会风气更加肆虐。昆明作为当时的经济、政治和文化中心，此种风气变化也甚为明显。时人这样描述："两年来的昆明，一切都变得非常厉害，由一个朴实古老的城市，变得繁华绮丽，骄奢淫逸。用以前比较，简直是两个样，真好像是一个青布衣裳的乡下姑娘，变成一个涂脂抹粉，淫荡不堪的妓女了。"并进而指出："只要我们不是闭着眼睛，不敢正视现实的，我们当不能否认，在目前这种荒淫无耻的生活，对于抗战，将是一个不能忽视的危机！"① 诗人冯志这样概括昆明战时风貌："一边是荒淫无耻，一变是严肃的工作。"他指出："眼看着成群的士兵不死于战场，而死于官长的贪污，努力工作者日日与疾病和饥寒战斗，而荒淫无耻者却好像支配了一切。"② 尤其是抗战后期，这种现象更是触目惊心。如昆明《朝报》在同一版面上登载了如下两条消息：③

"欲领子女者鉴：某君夫妇服务于教育文化机关，因无力俯蓄，愿将行分娩之婴孩（约明春分娩）无条件赠送予人，凡家身清白，有抚养及教育能力而尚无儿女，意欲领为螟蛉者，请投函……"

"走失狼犬启事：兹于十二月二十五日上午九时带犬出外，行至护国路，走失草黄色狼犬一只，不知去向。若能知此犬下落，前来报信，因而寻获者，送国币三千元；有收留能将狼犬送到者，愿送国币五千元，绝不食言。"

在共赴国难的大潮中，文明与腐朽、进步与堕落并存，这

---

① 直白：《莫蹈犹太人的覆辙！》，《云南日报》1939 年 12 月 5 日第 4 版。
② 冯志：《昆明往事》，《云南文史资料选辑》第三十四辑，1988 年版，第 24 页。
③ 《朝报》1943 年 12 月 28 日。

也是抗日战争时期云南风尚变迁的两个主要趋向。

　　综上所述，近代云南社会风尚变化的趋势大致是由开埠通商前的基本在传统的变化轨迹里循环往复，到开埠通商后"崇洋"和"趋新"风尚的出现及具有现代元素的新风尚的不断增多，体现了云南社会由传统到近代的转变。

第 二 章

近代云南社会风尚变迁的动力分析

马克思主义的社会发展动力论，是对人类社会发展动力的科学阐释，其基本特点为综合动力论。对此，恩格斯在 1890 年致约·布洛赫的信中明确指出："历史是这样创造的：最终的结果总是从许多单个的意志的相互冲突中产生出来的，而其中每一个意志，又是由于许多特殊的生活条件，才成为它所成为的那样。这样就有无数互相交错的力量，有无数个力的平行四边形，由此就产生出一个合力，即历史结果，而这个结果又可以看作一个作为整体的、不自觉地和不自主地起着作用的力量的产物。因为任何一个人的愿望都会受到任何另一个人的妨碍，而最后出现的结果就是谁都没有希望过的事物。所以到目前为止的历史总是像一种自然过程一样地进行，而且实质上也是服从同一运动规律的。但是，各个人的意志——其中的每一个都希望得到他的体质和外部的，归根到底是经济的情况（或是他个人的，或是一般社会性的）使他向往的东西——虽然都达不到自己的愿望，而是融合为一个总的平均数，一个总的合力，然而从这一事实中决不应作出结论说，这些意志等于零。相反地，每个意志都对合力有所贡献，因而是包括在这个合力里面的。"① 这便是著名的合力说。

近代云南社会风尚变迁的动力是近代世界客观趋势的变化使然，是一种不以人的意志为转移的具有定向性的行为选择和变化过程，其主要源于五种力量，即生产力基础变革、政府宏观层面的政治变革力、西学东渐的冲击力、口岸城市的辐射作用力以及社会自在群体的影响力，是它们所形成的"合力"共同促成了近代云南社会风尚的变迁。

一　生产力基础变革

马克思认为："物质生活的生产方式制约着整个社会生活、政治生活和精神生活的过程。"② 恩格斯也指出："一切社会变迁和政治变革的终极原因，不应当到人们的头脑中，到人们对永恒的真理和正义的日益增进的认识中去寻找，而应当到生产方式和交换方式的变更中去寻找；不应当到有关时代的哲学中去寻找，而应当到有关时代的经济中去寻找。"③ 生产力是生产方式中最活跃的因素，它的发展变化决定着生产关系的发展变化，因此，生产力基础的变化是表征于社会生活的社会风尚变化的根本动力。鸦片战争后，随着西方殖民势力揳入中国及清政府为挽救自身的统治展开的一系列自我变革，在内外的交互冲击下，中国的生产力基础从此发生了深刻而根本的变化，为社会风尚的近代变迁奠定了经济基础。

---

① 《马克思恩格斯选集》第四卷，人民出版社 1995 年版，第 697 页。
② 《马克思恩格斯选集》第二卷，人民出版社 1995 年版，第 32 页。
③ 《马克思恩格斯选集》第三卷，人民出版社 1995 年版，第 741 页。

（一）自然经济日趋解体对传统消费方式的消解

"以第一次鸦片战争为开端，来自西方的工业文明作为一种整体水平已经超前的文明形态，以入侵者的姿态首先从军事上，既而从经济上、政治上和文化上给中国人以当头棒喝，宣布东方农耕文明优势地位及封闭状态的历史性终结。"[①] 鸦片战争前，以个体小农业和家庭手工业紧密结合为基本特征的自然经济是中国的经济基础，在这样的社会中，"农民不但生产自己需要的农产品，而且生产自己需要的大部分手工业品。地主和贵族对于从农民剥削来的地租，也主要地是自己享用，而不是用于交换。那时虽有交换的发展，但是在整个经济中不起决定的作用"。[②] 鸦片战争后，在条约的特权保护下，外国资本主义掀起一个向中国倾销商品的狂潮。随着外国机制工业品的大量输入，首先是沿海一带纺织手工业受到排挤。例如，素有"衣被天下"之盛名的手工棉纺织业中心——江苏太仓、松江一带，在鸦片战争前，其棉布每年除内销外，还有相当数量出口。鸦片战争后，情况大变，1846年，包世臣记载："近日洋布大行，价才当梭布三分之一。吾村专以纺织为业，近闻已无纱可纺。松、太布市，消减大半。"[③] 手工棉纺业是中国封建社会最重要的手工业，也是自给自足的自然经济的支柱。它的破坏，使小农业与家庭手工业"耕"与"织"从此分离。这是几千年来封建自然经济受到强烈冲击开始解体的主要标志。

中国自然经济解体经历了由沿海、沿江和交通沿线的城乡

---

① 冯天瑜等：《中华开放史》，湖北人民出版社1996年版，第48页。

② 《中国革命和中国共产党》，《毛泽东选集》第二卷，人民出版社1991年版，第623—624页。

③ 包世臣：《安吴四种》，清光绪十四年重刻本。

地区，一步一步地向交通不便的内陆腹地缓慢推进的过程，因为"自然经济顽强抵抗，不愿退却。这种抵抗的顽强性不仅来自传统的巨大惰性，而且来自几亿小农求生的挣扎……虽然如此，自然经济终究因此而逐步走向分解，为资本主义因素的发生和发展让出了地盘"。①

地处西南边陲的云南，传统自然经济受到冲击也是以外国商品的输入为发端的，尤其在 19 世纪 80 年代，蒙自、河口、腾越等地相继开埠后，云南手工业开始受到巨大冲击甚至濒于破产。传统耕织结合的自然经济支柱之一的棉纺纱手工业，首当其冲，遭到沉重的打击，即使是经济更为落后、更为封闭的边境少数民族地区也概莫能外。如德宏的景颇族随着外来商品的大量渗入，原来"都自己植棉纺纱，近几十年来，随着商品交换的发展，棉花的种植很快就绝迹了"。② 具有悠久历史纺织业的大理地区，到 1915 年以后，该地区土纱已完全停止纺制，全部引用洋纱，织布业也受到极大摧残。部分市场（如城市）已被洋布夺去。③ 以致时人悲叹道："稽之史实，在海禁未开之前，本省棉货自给自足，今则情形迥殊。直言之，本省固有之手工纺织业已渐被淘汰，殆将澌灭以尽矣。又在棉花、棉纱与棉布三类中，以棉纱之进口数值为最大，常占棉货进口总值百分之六十以上。盖本省产棉不多，棉价昂贵，故棉纱初入境时，与棉价相去不远，于是本省妇女之家庭手纺工业，遂被摧

---

① 陈旭麓：《近代中国社会的新陈代谢》，上海社会科学院出版社 2005 年版，第 66—67 页。

② 《景颇族简史》，云南人民出版社 1983 年版，第 63 页。

③ 参见朱家桢等调查整理《大理县喜洲白族社会经济调查报告》，见"民族问题五种丛书"，云南省编委会编：《白族社会历史调查》，云南人民出版社 1983 年版，第 15 页。

毁而告绝迹。"① 结果是"云南在未通海以前，纺织业全为手工业，自通海以后，洋纱洋布源源输入，手工纺纱，除边地尚留存少许外，久已淘汰殆尽"。② 其原因无外乎是"虽有工作殊无改良进步，诚以机器时代手工之不能见长也明矣"。③ 其他手工业部门，如冶铁、刨烟等行业，也由于外国商品的输入而遭到一定的破坏。如"日用品和西药的输入，使白族地区的陶瓷和制药生产受到了严重的打击。纱灯、马铁钉的大量输入，挤垮了大理的纱灯手工业和凤仪等地的铁器手工业。鹤庆刨烟铺有十五六家，自英帝输入'黄雀牌'、'老刀牌'等香烟以后，刨烟铺逐渐减少，到民国初年已所剩无几"。④

　　来自西方的商品，尽管"它没有大炮那么可怕，但比大炮更有力量，它不像思想那么感染人心，但却比思想更广泛地走到每一个人的生活里去。当它改变了人们的生活之后，它同时成了人们生活的一个部分了"。⑤ 西方商品的大量倾销，打破了中国延续千百年的自给自足的生活方式，也使中国百姓的生活日益卷入了市场，一些生活必需品开始依赖市场。一些西式机制品以其物美价廉的优势，日益取代传统手工制品而进入人们的生活。清末时有人评论人们在日常生活中购用洋货已经日渐普及的情形："自与各国通商以来，迄今不过七十余年，而洋货充斥各处，已有洪水滔天之势。盖吾国工业素不讲究，各种物品，皆粗劣不堪，既不适用，又不悦目，一旦光怪陆离之物

---

　　① 民国云南通志馆编：《续云南通志长编》下册，第 596 页。
　　② 张肖梅：《云南经济》，民国三十一年（1942）版，第〇六页。
　　③ 刘盛堂编：《云南地志》（上），物产四·工艺，光绪戊申（1908）石印。
　　④ 《白族简史》，云南人民出版社 1988 年版，第 155 页。
　　⑤ 陈旭麓：《近代中国社会的新陈代谢》，上海社会科学院出版社 2005 年版，第 231 页。

杂陈市肆，国人任意选购，俨有抛弃本货沉溺洋货之势。大者佳者无论矣，甚至零星杂物，亦惟洋货是用。"① 云南"从光绪后期起，特别是蒙自辟为商埠之后，洋货就源源不绝地输入，所有饮食、衣服等生活用品，无不充斥市面……进口洋货中，花样繁多，无奇不有，单以英国香烟一项而论，牌号品种竟达十七种之多，其他货品，可以想见"。② "凡我市面销场，人民日用，几几乎无一非洋货所充斥矣。……（腾越）入口货：以棉花、棉纱、棉布、意大利布、小呢、毕叽、洋火、煤油为大宗。余如洋铁货、瓷货、石碱、洋伞、燕窝、海菜、干鱼等类，销数亦巨。所入之货，在腾越销售者百分之十一二耳，其余则销之本省之各府州县，四川、贵州亦可销少数。"③ 昆明"从马市口到德胜桥，见了两旁的商店，塞满的宝货，无非是洋纱、洋布、洋油、洋纸、洋疋头、洋酒、纸烟、罐头、洋杂货、洋铜铁器具、玩具等件，应有尽有，无一不备。我们吃的、穿的、用的、无一不照顾外人"。④ 大理"自越亡于法、缅沦于英，于是洋货充斥。近则商所售，售洋货；人所市，市洋货，数千年来之变迁未有甚于今日者"。⑤ 19 世纪 70 年代后期，一个外来游客在云南昭通，就在商店里看到陈列着不少洋

---

① 《今日亟宜振兴应用工业以裕生计论》，《东方杂志》第八卷第七号。

② 昆明市志编纂委员会：《昆明市志长编》卷七（内部发行），1984 年版，第 28 页。

③ 中国科学院历史研究所第三所编：《云南杂志选辑》，科学出版社 1958 年版，第 177、181 页。

④ 昆明市志编纂委员会：《昆明市志长编》卷十一（内部发行），1983 年版，第 360 页。

⑤ 张培爵等修，周宗麟等纂：（民国）《大理县志稿》卷六·社交部，民国五年铅印本。

货，有洋布、钟表、纽扣、玻璃、洋铁器等。[1] 1913 年，英国人詹姆士由腾冲入关赴川边一带，途经丽江时就曾见到："（市面）所陈列之商品，概系欧洲或日本工厂出口，自鸣钟、小刀针之属，百物具备。欲寻一中国之制造物，杳不能得。"[2] 晋宁县"进口货逐（触）目皆是，且多带洋货性质者……本县人民日常生活用品，除食物之一部分外，其余全靠外货输入调剂，漏卮甚大"。[3]

对于普通百姓必需品中的棉纱，则无论城市抑或农村居民都多购洋纱。1889 年蒙自开辟为商埠，当年仅 4 个月的统计就进口洋纱价值达国币 5 万元，次年上升到 40.8 万元，1904 年猛增到 718.7 万元。[4] 由于洋纱的大量输入，土纱逐步被替代，以致很多乡村农民买洋纱织布、缝制衣服等。对此时人惊呼："本省购用洋纱织布者，年多一年矣。"[5] 结果是人们的衣着不得不依赖市场中的洋纱，这就使纺织中"纺"与"织"开始分离。

正是这些日常生活中器用的变化逐步使人们的心理和观念发生改变。诚如《滇录》所言，"自从帝国主义洋货进口以来，在昆明的社会经济、人群好尚……便激起了一些变迁和演

---

① 姚贤镐编：《中国近代对外贸易史资料（1840—1895）》第三册，中华书局 1962 年版，第 1106—1107 页。

② ［英］詹姆士·瓦特：《西康之神秘水道记》，杨庆鹏译，蒙藏委员会民国二十二年印行。转引自周智生《商人与近代中国西南边疆社会：以滇西北为中心》，中国社会科学出版社 2006 年版，第 68 页。

③ 《云南日报》1936 年 3 月 27 日第 5 版。

④ 钟崇敏：《云南之贸易》，1939 年手稿油印，第 244 页。

⑤ 昆明市志编纂委员会：《昆明市志长编》卷七（内部发行），1984 年版，第 33 页。

化"。[1] 当漂亮的洋布出现后，"因土布的成本——洋纱棉花——贵，土布价自然也就要贵"，而"一般人的心理多半趋尚时髦漂亮，手工织的土布不能迎合此种要求，而机织的洋布正能迎合此种心理，所以洋布的销路由城市而侵入农村"。[2] 于是无论城市还是农村，人们在服装面料的使用上就倾向选择洋布。云南同全国一样，伴随洋货的大量倾销，社会中也出现了崇洋的倾向。

"封建时代的自给自足的自然经济基础是被破坏了；但是，封建剥削制度的根基——地主阶级对农民的剥削，不但依旧保持着，而且同买办资本和高利贷资本的剥削结合在一起，在中国的社会经济生活中，占着显然的优势。"[3] 结果是广大农村的生产力遭到严重破坏和倒退，广大小农家庭的经济状况急剧地恶化，农民被逼到了破产的悲惨境地。虽然又出现了其他一些家庭手工业，如手工织布业、编织业等，但这种新发展起来的家庭手工业是为商品交换而生产的，规模和发展也都受到很大限制，不可能完全替代传统手工棉纺纱业的地位。总之，一方面生产方式的变化带动了农村部分农民社会风尚的变化，而另一方面小农经济状况的恶化却又使近代云南农村社会风尚变化极为有限。

（二）地区商品经济发展对日常生活行为的改变

"外国资本主义对于中国的社会经济起了很大的分解作用，

---

① 昆明市志编纂委员会：《昆明市志长编》卷七（内部发行），1984 年版，第 41 页。

② 昆明市志编纂委员会：《昆明市志长编》卷十二（内部发行），1983 年版，第 385 页。

③ 《中国革命和中国共产党》，《毛泽东选集》第二卷，人民出版社 1991 年版，第 630 页。

一方面，破坏了中国自给自足的自然经济的基础，破坏了城市的手工业和农民的家庭手工业；又一方面，则促进了中国城乡商品经济的发展。……因为自然经济的破坏，给资本主义造成了商品的市场，而大量农民和手工业者的破产，又给资本主义造成了劳动力的市场。"① 在外国资本主义的影响下，中国的社会经济发生了深刻的变化，正如马克思、恩格斯所指出的那样：外国资本主义的扩张与侵略"迫使一切民族——如果它们不想灭亡的话——采用资产阶级的生产方式；它迫使它们在自己那里推行所谓文明制度，即变成资产者"。② "自从蒸汽和新的工具机把旧的工场手工业变成大工业以后，在资产阶级领导下造成的生产力，就以前所未闻的速度和前所未闻的规模发展起来。"③

云南在鸦片战争后日渐成为英法觊觎的目标，英国侵占缅甸，企图以云南为链环实现其创建最大殖民市场的计划。法国也力图由越南侵入云南。在这种情形中，云南被强行纳入资本主义世界市场体系，诚如恩格斯所言："今天英国发明的新机器，一年以后就会夺去中国成百万工人的饭碗。这样，大工业就把世界各国人民互相联系起来，把所有地方性的小市场联合成为一个世界市场。"④ 云南成了英法工业品倾销市场和原料供应地，但客观上却促进了商品经济的快速发展，出现了一大批新兴的资本主义商业，商品交换不仅在规模上，而且在范围上，均远远超过清以前的任何时期。如《续云南通志长编》所

---

① 《中国革命和中国共产党》，《毛泽东选集》第二卷，人民出版社 1991 年版，第 626—627 页。

② 《马克思恩格斯选集》第一卷，人民出版社 1995 年版，第 276 页。

③ 《马克思恩格斯选集》第三卷，人民出版社 1995 年版，第 741 页。

④ 《马克思恩格斯选集》第一卷，人民出版社 1995 年版，第 234 页。

云：迨蒙自、河口、思茅、腾越、昆明相继辟为商埠，滇越铁路竣工通车，"西人之经济势力，乃随之而深入，三逸商务，亦因之而丕变矣"。[①] 商品经济的发展极大地改变了人们的消费物质条件，从而促使社会风尚发生变化。

首先，新兴工商业及商品大量出现，丰富了人们的生活日用，改变了人们的传统消费观念。云南新兴商业的出现开始是由外国商品输入直接引起的，尤其是经营洋货的大量外国洋行的出现，促使中国传统商业发生了变化，主要表现为新的行业产生和新的经营组织形式的出现。云南通商开埠以后，出现了一批与对外贸易发展密切相关的新兴商业行业，如洋纱、洋布、百货、五金、西药等经销进口货的商业行业，并且随着行业的发展，商业户数不断增多，商号逐步大量开办，从业人员亦有所增加，经营范围随之扩大。昆明市是全省货物的集散中心，据 1934 年底统计：该市有商号 2412 家，从业职工人数为 9769 人，约占全市人口的 5.7%，资本总额为 505.945 万元，营业额为 1673.015 万元；经营的行业多达 61 个，其中仅经营中西百货者就达 85 家。[②] 此外，商业组织形式也发生了新变化——出现了股份有限公司的经营组织形式，据民国十三年（1924）《昆明市志》统计，昆明商业股份有限公司有：设立于 1920 年的阿迷布沼煤业公司和爱国公司；1917 年的云南煤矿公司和开化盐务水利公司；1922 年的黔西盐务股份有限公司和利华公司；1921 年的隆兴公司、图书公司和申大公司；1923 年的时利和公司、文毅兴和云南新亚股份有限公司；1913 年的和通公司、义生祥和商务印书馆云南分馆；1918 年

---

① 民国云南通志馆编：《续云南通志长编》下册，第 535 页。
② 参见民国云南通志馆编《续云南通志长编》下册，第 543—545 页。

的大利公司、华兴公司和天美祥等 23 家商业公司。① 商业资本的发达，既创造了产业资本运动的市场条件，也提供了产业资本运动的资金来源，于是，近代工业企业在昆明不断涌现。到辛亥革命前，全市已有造币、制革、印刷、电力、矿业、火柴、香烟、肥皂、面粉、玻璃、煤油、衣帽、制药、制茶、食品加工等工业企业。经营体制也从单纯的官办发展到官商合办和商办。就当时商办企业而言，按现有资料估计至少有 40 家之多。② 大量新兴工商业及商品的出现在丰富人们生活日用的同时，也逐渐地刺激了民众的消费欲望，较为明显的是基于物质生活内容的单调和生活水平的低下而形成的传统简朴消费观念逐渐失去了存在的经济基础，相互攀比的奢侈风尚逐渐滋长。在滇西商业中心大理，自蒙自、腾越、思茅、昆明开关通商后，"数十年间，衣饰沾染奢靡，宴会争尚，丰腆有止极矣……生计艰难，复竞尚浮靡，贫贱人家宴客服装强为美丽"。③ 昆明"衣着方面，敦朴的风气为之一变，鲜浓丽服，追求时髦者招摇过市，其中以女子最为突出，服饰争奇斗艳达到了极点，连上海、武汉等大城镇来的客商都感叹滇中女子的奢侈与沿海城市相比有过之而无不及。饮食方面，一改过去的俭朴习惯，喜庆宴客不是鱼翅就是海参……价格昂贵的洋酒销量也很大……富厚者竞相以挥霍为时尚，中产者也学步效颦"。④ 在商业发达的喜洲，其地方风气"因为一些富裕的人（如'四

---

① 昆明市志编纂委员会：《昆明市志长编》卷十二（内部发行），1983 年版，第 33 页。

② 汪戎：《近代云南对外经济关系》，《思想战线》1987 年第 5 期。

③ 张培爵等修，周宗麟等纂：（民国）《大理县志稿》卷六·社交部，民国五年（1916）铅印本。

④ 云南省档案馆编：《清末民初的云南社会》，云南人民出版社 2005 年版，第 73—74 页。

大家族'），他们生活豪华，极尽骄奢淫逸的能事。凡婚丧、嫁娶，莫不大事铺张，争奇斗艳，而互相效尤，成为风气，形成不如此则为人所不齿的恶习。所以中产之家，如遇上几次婚丧嫁娶，势必沦为破产。贫苦者迫于情势，而为之债台高筑，挖肉补疮者，比比皆是"。[①]

其次，商品流通发生巨大变化，大量异域货物充斥，新的风尚逐步出现。近代以来，云南的商品流通有了新的发展，无论是从范围还是从规模上都远远超过以前的任何时期。其主要表现为：一方面，传统的、封闭性地方市场，开始被纳入与世界市场联系日益紧密的开放性市场体系，商品流通范围扩大。蒙自、思茅、腾越的开关和红河水路的开通，尤其是 1910 年滇越铁路通车为对外贸易的发展创造了条件，海关制度的确立、邮政开通、电报运用、近代金融机构的发展是支持云南商品流通的主要制度基础和技术条件，致使商品流通范围大为拓展，通过信息流、资金流、商品流、人流联系起来，云南逐渐被纳入世界市场体系之中。云南省各大商号纷纷在省内、省外及国外设立分号，拓展业务。例如"福春恒"、"永昌祥"在省内的下关、昆明、昭通，在四川的叙州、重庆，在香港和缅甸的瓦城都设立了分号。在云南由外商经营的洋行有 10 多个，如"美商慎昌洋行、英商旗昌洋行，均营机器业；希腊商歌胪士洋行、若利玛洋行，日商保田洋行、宝多洋行，法商安兴洋行、志利洋行，则系营进出口杂货。他如府上、徐璧、利玛、地亚多等洋行，或营玩具，或营布纱，或数种兼营"。[②] 当时昆

---

① 杨卓然：《"喜洲帮"的形成和发展》，《云南文史资料选辑》第十六辑，1982 年版，第 283 页。

② 民国云南通志馆编：《续云南通志长编》下册，第 546 页。

明之市场，不仅本国商品毕集于市，而且"异域货物，充斥阛阓……欧美之瑰异珍怪，毕集于肆"。① 另一方面，商品流通量激增。商品市场的扩大推动了商品流通量的迅速增加，其中对外贸易中进口贸易的增长对社会风尚变化影响最为明显。光绪十五年（1889），蒙自开埠当年，进口货值达 623000 海关两，次年上升到 466089 海关两，一年时间约增加了 7.5 倍，到 1912 年上升到 11230898 海关两，全省进口货物增长了 180 倍。② 除欧战爆发期间及之后的几年，进口洋货，因来源不畅，较为减少外，其余基本呈波浪状增长趋势（见表 2—1）。

表 2—1　　　　　云南对外贸易中进出口统计表　　（单位：海关两）

年份	洋货进口值	土货出洋值	年份	洋货进口值	土货出洋值
1911	9 766 518	12 573 069	1921	15 422 691	10 807 363
1912	11 230 898	11 835 907	1922	16 208 089	10 622 022
1913	10 038 847	8 978 564	1923	17 444 823	12 090 116
1914	7 759 854	10 589 205	1924	20 767 796	15 425 615
1915	7 466 111	10 041 917	1925	21 916 241	11 720 116
1916	8 359 134	13 689 801	1926	19 834 261	11 960 469
1917	11 771 794	12 855 784	1927	19 187 508	12 254 145
1918	12 221 415	11 949 010	1928	16 294 450	12 168 682
1919	13 948 998	13 918 806	1929	14 172 484	11 658 038
1920	14 193 668	9 126 893	1930	8 498 686	7 184 479

资料来源：云南省志编纂委员会办公室：《续云南通志长编》（下册），1985 年，第 574 页。

---

① 民国云南通志馆编：《续云南通志长编》下册，第 535 页。
② 根据周钟岳著，牛鸿斌等点校《新纂云南通志 七》（云南人民出版社 2007 年版）第 111 页和民国云南通志馆编《续云南通志长编》下册第 574 页数值计算。

进口货物，以棉货为大宗，煤油、烟草、人造靛、糖、钢铁、毛织品和纸次之，另外尚有煤、化学制品及药用材料、锅炉机器及其配件、交通器材、面粉、成衣、水泥、牛乳及副产品等。进口的猛增，使洋货大量涌入并占据了云南城乡广大消费品市场，一时间"云南市场，洋货充斥，所谓民生中四大问题——衣食住行差不多都要用舶来品来解决"，[①] 这直接带动了人们消费趋向及消费观念的变化，从而形成新的社会风尚，即崇洋和奢靡。省城昆明自"光绪间缅越藩篱既失，并许外人至滇互市，洋货纷集，民间争相购用，于是朴素之风又为之一变，习染所成，渐趋奢侈。近来西学肇兴，游学海外者心醉奇淫；贸边商埠者神迷靡丽，渐有老成典型反相率而非笑之，是以冠婚丧葬、饮食衣服，风尚所趋，穷极奢靡，皆非从前朴实之旧，然表面虽荣，内容实瘁，不免外强中干之虞矣"；[②] 屋宇方面"多取西式……地铺花砖，顶棚刮以灰沙，塑为花样，灯光照之，光明华丽，浴房、厕房器皆以磁，且有用化学厕，不须除秽。居之固极舒适，物力实已维艰。由俭入奢不期而至，巨富之家勿论矣，中人之家亦多仿效"。[③]

再次，近代云南地区商业贸易网络的初步形成，在繁荣商业市场的同时也刺激了从商趋利风尚的成长。"云南省际贸易之途径，逸东一带与川、黔交往频繁，而以昭通、曲靖为货物聚散之中心；逸南一带则与两广、上海交易，而以蒙自、个旧为货物聚散之中心；逸西一带与康藏发生交易，而以下关、丽

---

① 昆明市志编纂委员会：《昆明市志长编》卷十一（内部发行），1983年版，第360页。

② 倪惟钦修，陈荣昌、顾视高纂：《续修昆明县志》卷之三·风俗志，民国三十二年（1943）铅印本。

③ 陈度：《昆明近世社会变迁志略》卷三·礼俗，稿本。

江为货物聚散之中心。全省复以昆明为出纳之总枢纽。……滇省国际贸易……以贸易之国别言，本省贸易范围遍及英、美、日、法等国，而以法国为主。至贸易区域，则以安南、印度、香港为主要市场。"① 商业网络的形成，使云南各地商业市场勃兴，商品及商人数量激增，也使从商趋利成为一种社会风尚。尤其是有了商人从贫至富，由富而贵的示范效应，经商致富、以商为贵便日益成为商业较为发展地区人们的日常生活追求。据著名人类学家许烺光先生在 20 世纪 40 年代初在大理喜洲的考察，当时的喜洲人"若以喜洲镇的财富和求学的人数相比较，中学毕业和到外地上高校的年轻人，人数少到可以忽略不计的程度。大多数的孩子上学的目的便是学习读书写字，以便他们将来更好地经商"，② 这也改变了人们传统"重义轻利"的观念，比如"恒盛公"创始人张泽万家中厅堂内竟堂而皇之地悬挂了名为"钱赋"的条幅，其中有"钱、钱、钱，我与你性命相连，有了你许多方便，无了你许多艰难"。③

二　政治变革的推动力

政治与文化的密切关系，决定了政治变革对社会风尚变迁必然发生重要影响，必然成为推动近代云南社会风尚变迁的重要力量。

---

① 周钟岳著，牛鸿斌等点校：《新纂云南通志 七》，云南人民出版社 2007 年版，第 108—111 页。

② ［美］许烺光：《在祖先的庇荫下》，王芃译，《大理文化》1990 年第 5 期。转引自周智生《商人与近代中国西南边疆社会：以滇西北为中心》，中国社会科学出版社 2006 年版，第 166 页。

③ 张相时：《恒盛公商号史略》，《鹤庆文史资料》第二辑。

为适应近代社会发展的需要，我国政治体系被迫进行了多次变革，其中对云南社会风尚变迁推动作用较大的政治变革是清末新政和辛亥革命。在这两次政治变革中，先知先觉者的一些思维创新成果，因被落实为现实的社会制度安排，而获得较为广泛的社会认同。

（一）清末新政凸显的动力来源

清末新政的发生乃至在云南的影响，并不是历史进程中的突发事件，而是基于此前为挽救民族危亡而发生的一次次变革。从鸦片战争时期的"师夷长技以制夷"思想的萌生，到洋务派的"自强运动"再到维新派的"变法"，这些轰轰烈烈的思想和政治变革，无不包含着一个主题——爱国主义。正是在这一以爱国主义为主题的拯救中华的时代巨流推动下，清政府为适应形势发展，更为了巩固自身统治，自1901年开始，从政治、经济、军事、文化、教育等多个方面进行了一系列的改革。

清末新政是中国由专制政治开始向近代民主政治转型的重要标志。在这一过程中，伴随官方意识形态及治国理念的变化，革除旧习尚，倡导新风尚也成为改革的重要内容，其中推行教育改革、实施地方自治和进行移风易俗对云南影响较大，也是其社会风尚趋新动力来源的三个主要方面。

1. 清末教育制度改革政策的颁行，奠定了云南新型社会风尚的形成条件

清末教育制度改革中对云南及其社会风尚变迁影响较大的主要有二：第一，科举制度的废除和新式学堂的兴办。在封疆大臣袁世凯、赵尔巽、张之洞等人的联名奏请下，于1905年9月，清廷颁发废除科举谕旨，规定，"著即自丙午科为始（从

1906 年开始)，所有乡、会试一律停止，各省岁科考试亦即停止"。① 至此在中国沿袭千年之久的科举全部废除。科举制度的废除为新学的兴起创造了条件。早在 1901 年清政府就谕令全国："着各省所有书院，于省城均改设大学堂，各府及直隶州均改设中学堂，各州、县均改设小学堂，并多设蒙养学堂。"②之后相继颁布了新式高等学堂、中学堂、小学堂以及各级师范学堂和农工商实业学堂章程，为配合创设新学堂的改革，清政府还颁布了《奏定学堂章程》，在全国范围内实行。在《奏定学堂章程》中，详订了工商实业学堂章程，并强调指出："又国民生计，莫要于农、工、商实业；兴办实业学堂，有百益而无一弊，最宜注重。"③ 1907 年，清政府又颁布《女子小学堂章程》26 条和《女子师范学堂章程》38 条，从此中国女子教育被正式列入新式教育制度，开始接受近代教育，这是中国女子社会群体风尚发生近代变迁的契机。云南于 1902 年已遵章筹设新学堂，"迄宣统间，始粗具规模，计先后设置中等以上学堂数所，各府、直隶厅、州亦各有一中学"。④ 女子学堂和实业学堂也不断发展，如 1907—1909 年，云南实业学堂有 9 所540 人，增加到 14 所 832 人。⑤ 第二，留学生的派遣。清政府在 1901 年 9 月 17 日令各省改设学堂的同时，即发布上谕要求各省督抚选派学生出洋游学，并发布上谕："造就人才，实系

① 琚鑫圭、唐良炎编：《中国近代教育史资料汇编·学制演变》，上海教育出版社 2006 年重印本，第 541 页。
② 同上书，第 7 页。
③ 同上书，第 298 页。
④ 周钟岳著，李春龙、王珏点校：《新纂云南通志 六》，云南人民出版社 2007 年版，第 602 页。
⑤ 数据参见琚鑫圭、童富勇、张守智编《中国近代教育史资料汇编·实业教育 师范教育》，上海教育出版社 2006 年重印本，第 55—63 页。

当今急务。前据江南、湖北、四川等省选派学生出洋肄业，著各省督抚一律仿照办理。"[1] 1902 年外务部制定《出洋游学办法》，1903 年清政府颁发《游学章程十款》、《奖励章程十款》及《自行筹办章程七款》，1904 年又颁布《游学西洋简明章程》等，从各方面鼓励出洋留学，在清政府的倡导下，各省各地纷纷派遣留学生。云南省自"光绪二十八年（1902），选送留日学生十名。二十九年（1903），复送十名。三十年（1904），又送速成师范四十一名、陆军二十八名、实业二十名。三十一年（1905）以后，多有自费赴日者，因订专章，凡自费生考入日本各官立专门大学者，准改给官费。于是，自费生愈形踊跃，而考入专门大学得补官费者日渐增多。迄宣统末年，约达数百人。毕业后陆续回滇，均任要职"。[2] 之后，留学欧美者也不断增多。

清末新政的教育改革，不仅输入了大量现代科学技术知识和思想文化，而且催生了新型知识分子群体，为云南社会新风尚的传入和传播创造了条件。

至此，云南人接受西方近代科学知识和思想文化不再主要依靠西方传教士，而是通过进入新式学堂或是直接出国留学。且伴随留学生的增多，传入云南的各国翻译书籍也开始增多，这些书籍为科学知识和新思想的进一步广泛传播提供了更好的条件，有助于开阔人们的视野，转变思想观念，当然也为新风尚传入创造了思想条件。

以废除科举、兴办新式学堂及派遣留学生为契机，云南知

---

① 陈学恂、田正平编：《中国近代教育史资料汇编·留学教育》，上海教育出版社 2006 年重印本，第 4 页。

② 周钟岳著，李春龙、王珏点校：《新纂云南通志 六》，云南人民出版社 2007 年版，第 618 页。

识分子在知识结构和价值取向上开始发生质的变化，从而形成了新型知识分子群体。而新式学堂学生以及出国留学生数量的递增，又成为新型知识分子群体不断扩大的基础。据学部〔光绪三十二年（1906）设学部，辛亥革命后改设教育部〕1909年的统计，云南省有新式学堂 1944 所，学生 57808 人。[1] 留学生以留日者最多，辛亥革命前达数百人。[2] 这些接受新式教育的青年学生源源不断地进入教育、工商业、政界、军界等各个领域，既扩大了新型知识分子队伍，也有力地促进了传统社会风俗的变化。因为他们接受的是以现代自然科学和社会科学为核心的新知识和新观念。正是在新型知识分子的文化创造和宣传活动中，云南广大民众的思想观念和社会生活潜移默化地改变了，且向着趋新的方向改变。

因此，清末新政的教育制度和教育政策的变革，是推动云南社会风尚由传统向现代转型的不可或缺的强大动力。

2. 清末地方自治政策的制定和实施，有力促进了云南民主观念的传播和文明风尚的建设

1906 年慈禧正式下诏实行"预备立宪"。伴随着立宪运动的开展，社会上兴起各种新思想、新风气。地方自治就是重要的方面。清廷于光绪三十四年（1909）十二月颁布《城镇乡地方自治章程》，并发布上谕："地方自治为立宪之根本，城镇乡又为自治之初基，诚非首先开办不可。"同时责令"各省督抚，督饬所属地方官，选择正绅，迅即筹办"，[3] 在全国推行地方自

---

① 《宣统元年份教育统计图表》，转引自桑兵《晚清学堂学生与社会变迁》，广西师范大学出版社 2007 年版，第 140 页。

② 马曜主编：《云南简史》，云南人民出版社 2009 年第 3 版，第 195 页。

③ 故宫博物院明清档案部编：《清末筹备立宪档案史料》下册，中华书局1979 年版，第 750 页。

治。而且为了培养自治人才，推行地方自治运动的开展，清政府于宣统元年三月十六日（1909 年 4 月 5 日）颁布了《自治研究所章程》，又责令于各省及各府厅州县设立自治研究所。

清末地方自治政策的制定，使地方自治成为一项重要国策，有力地推动了各地的地方自治运动。"云南于（1908）三月，开办云南全省自治总局……附设自治研究所……各厅、州、县设立自治宣讲所。其时全省各地方，均已宣传殆遍。"[①]按照《城镇乡地方自治章程》的规定，其自治范围几乎涉及人们生活的各个方面，包括：学务方面，如中小学堂、蒙养院、教育会、宣讲所、图书馆、阅报社等；卫生方面，如清洁道路、扫除污秽、施医药局、医院医学堂、公园、戒烟会等；道路工程方面，如改正修缮道路、建筑桥梁、疏通沟渠、建筑公用房屋、设置路灯等；农工商务方面，如改良种植牧畜及渔业、设立工艺厂、工业学堂、劝工厂、改良工艺、整理商业、开放市场、防护青苗、筹办水利、整理田地等；公益善举方面，如救济、恤寡、保节、育婴、施衣、放粥、义仓积谷、贫民工艺、救生会、救火会、救荒、义棺义冢、保存古迹等；公共营业方面，如电车、电灯、自来水等；另外还包括本地习惯一向办理而素无弊端之事。[②]因此，这大大有利于民主观念的广泛传播，推动云南社会风尚趋向于资产阶级的新风尚。

3. 清政府移风易俗法令的发布，有力地清除了云南社会风尚趋新的障碍

在清政府移风易俗的改革中，其中在劝戒缠足和禁烟两方

---

① 昆明市志编纂委员会：《昆明市志长编》卷七（内部发行），1984 年版，第 305—306 页。

② 参见故宫博物院明清档案部编《清末筹备立宪档案史料》下册，中华书局 1979 年版，第 728—729 页。

面颁行的政策对近代云南社会风尚变迁影响最为显著。劝戒缠
足方面，颁布禁止缠足章程，对于违章缠足者给予处罚，同时
奖励"遵旨"不缠足者。光绪二十七年（1901）末，慈禧太后
颁下懿旨："汉人妇女，率多缠足，由来已久，有伤造物之和。
嗣后，搢绅之家，务当婉切劝导，使之家喻户晓，以期渐除积
习。断不准官吏胥役，藉词禁令，扰累民间。"① 宣统元年
（1909），一向重视禁缠足的两江总督端方也加大了力度，"撰
定禁止缠足章程十一条，明定赏罚，列入考成，通饬各厅州县
遵办。务使所属地方于十年内一律禁绝"。② 禁烟方面，光绪三
十二年（1906），清政府颁布上谕："自鸦片烟弛禁以来，流毒
几遍中国……着定限 10 年以内，将洋土药之害一律革除净
尽……禁烟办法十一条，一、限种罂粟，二、分给牌照，三、
勒限减吸，四、禁止烟馆，五、清查烟店，六、管制方药，
七、准设戒烟会，八、责成官绅督率，九、严禁官员吸食，
十、商禁洋药进口，十一、分饬张贴告示。"1908 年清政府饬
各省督抚"几种鸦片之地，限两年一律禁绝"。③ 接着《禁烟稽
核章程》又很快出台，较禁烟章程规定得更为细化。同时清政
府要求各省必须建立禁烟公所，并规定了对于各处禁烟机构的
奖励，同时为清除官吏吸食鸦片的恶习，清政府又专门制定了
《禁烟查验章程》和《续禁烟查验章程》。由于云南省种植罂粟
历史久，面积大，被列为全国禁烟的重点地区，遵照清政府的
政策和法令，清末经过云贵总督锡良对禁烟工作的一番整顿，
禁烟问题落到了实处，云南社会的禁种、禁运和禁吸工作大见

---

① 朱寿朋：《光绪朝东华录》（四），中华书局 1984 年版，第 4808 页。
② 《提倡天足之热诚》，《申报》1909 年 5 月 3 日。
③ 昆明市志编纂委员会：《昆明市志长编》卷六（内部发行），1984 年版，
第 59、60 页。

成效。对此后人罗养儒评价："滇中官吏奉令惟谨，一时雷厉风行的禁种禁吸，果也有效，未及三年，内地竟无一棵烟苗发现，边远地处之编氓，虽不泯于利，仍于偏僻处偷种，但一经查出，即被铲除。有起而抗拒者，省中大吏必派兵前去，协同地方官完全扫除。以是，在宣统二三年间，滇中烟害，虽不能云完全扫除，然已收得十之八九功效。"①

清末新政的改革虽然以失败告终，很多改革措施也不得不宣告夭折，但给云南吹进了一股新风，有力推动了近代云南社会风尚由传统向近代的转变，并且一定程度上为后来辛亥革命颁行的改革措施之顺利推行奠定了基础。

（二）辛亥革命政体变革的强劲动力

辛亥革命，终结了在中国统治两千多年的封建君主专制制度，建立了资产阶级民主共和国，从此中国开始了迅速的社会转型。辛亥革命后民国政府在短短三个月内，颁行了一系列改革的政策法令，涉及社会生活的各个方面，有力推动了国人生活方式的近代化，也使云南社会风尚变迁进入一个新阶段。

1. 革除社会陋习，促使社会风尚"变而从新"

清末对外战争的失败和民族危机的日益加深，使具有资产阶级人生观和价值观的先进分子开始把革除社会陋习与挽救民族危亡紧密地结合起来，并大声疾呼改革社会旧习俗，建立社会生活的新秩序，以顺应时代发展的潮流。辛亥革命后资产阶级共和国的建立，为改革封建社会陋习提供了现实性和可能

---

① 昆明市志编纂委员会：《昆明市志长编》卷六（内部发行），1984年版，第62—63页。

性。以孙中山为首的南京临时政府，宣称"社会之良否，系乎礼俗之隆污，故鄙礼恶俗急须厘正，以固社会根基"，[1] 并颁布了多项革除陋习的法令，也促进了云南的移风易俗。其主要表现为：①限期剪辫。南京临时政府成立后利用政权力量颁布限期剪辫令，规定："内务部通行各省都督，传喻所属地方，一体知悉。凡为去辫者，于令到之日，限二十日一律剪除净尽。有不遵者，违法论。该地方官毋稍容隐，致于国犯。又查各地人民有已去辫尚剃其四周者，殊属不合。仰该部一并谕禁，以除虏俗而壮观瞻。"[2] 之后，全国各省各地纷纷下令剪辫，云南的剪辫风潮也大规模掀起，从城市扩展到农村，取得了明显成效。从昆明理发业的发展我们不难看出剪辫风潮在云南的盛行。1919 年，广东艺人韦文广在昆明开办"美生理发师"，最早剪"东洋头"，昆明兴起理短发的风气。1924 年，昆明理发店达 60 户。1931 年，理发同业公会成立，入会会员 65 户。1936 年，全市理发业 68 户，从业人员 208 人。[3] ②劝禁缠足。1912 年 3 月 13 日，大总统令内务部通饬各省劝禁缠足，令文指出了妇女缠足的两大害处：一是"残毁肢体，阻淤血脉，害虽加于一人，病实施于子姓"；二为缠足后"动作竭蹷，深居简出，教育莫施，世事罔问，遑能独立谋生，共服世务"。"为此令仰该部速行通饬各省，一体劝禁。其有故违禁令者，予其

---

① 转引自胡绳武、金冲及《辛亥革命史稿》第 4 卷，上海人民出版社 1991 年版，第 108 页。

② 《大总统令内务部晓示人民一律剪辫文》，《临时政府公报》第 29 号，1912 年 3 月 5 日。

③ 谢本书、李江主编：《近代昆明城市史》，云南大学出版社 1997 年版，第 151 页。

家属以相当之罚。"① 内务部根据大总统令，在通饬各省文中进一步要求"已缠者令其必放，未缠者毋许再缠，倘乡僻愚民，仍执迷不悟，则或编为另户，以激其羞恶之心，或削其公权，以生其向隅之感"。② 随后，内务部颁布《禁止妇女缠足章程》，所定实施办法为"自各官督同各警察署、各自治会，实力奉行……并许各城镇乡组织天足会到处演说，晓以大义"，并要求"成绩汇交议事会转呈地方官，造成表册呈报本司以便查核"。而且还明确规定"女子十岁以下者不得裹足，十岁以上十二岁以下已裹足者一概解放；二十岁以上妇女亦宜逐渐开放，改换式样"，并规定若有违背，处其家长 1 元以上 5 元以下罚金。③ 云南政府按照章程要求采取措施实行查禁。民国以后，在民间社团组织的配合下，经过实力推行，不缠足日渐普及，虽然由于闭塞和风俗的惯性，在一些农村缠足习俗仍然延续了一段时间，但这种陋习终于在民国除旧布新的变革潮流中走上了消亡之路，取而代之的是崇尚天足之风。据现存云南省档案馆的云南省民政厅档案"各县禁止妇女缠足卷"④、"各县奉令禁止缠足卷"⑤、"各县呈报组织保甲及妇女

---

① 《大总统令内务部通饬各省劝禁缠足文》，《临时政府公报》第 37 号，1912年 3 月 13 日。

② 《内务部咨各省都督禁止缠足文》，《临时政府公报》第 45 号，1912 年 3 月22 日。

③ 《武昌禁止缠足之章程》，《盛京时报》1912 年 6 月 14 日。转引自李长莉《中国人的生活方式：从传统到现代》，四川人民出版社 2008 年版，第 385 页。

④ 民国云南省民政厅档案，卷宗号"11—8—95、96、97、101、102、104"，云南省档案馆馆藏。

⑤ 民国云南省民政厅档案，卷宗号"11—8—98、99、100"，云南省档案馆馆藏。

解除缠足卷"① 显示，至三四十年代云南的缠足已基本禁绝。

此外，临时政府还公布了严禁鸦片、禁止赌博等改革社会陋习的法令和命令。上述种种法令、政策的公布，强烈冲击了人们的思想观念，在社会上形成了一股强大的废除陈旧及不良习俗、树立新生活风尚的社会舆论潮流，也给偏居西南一隅的云南社会带来勃勃生机。

2. 开创平等新风

民主、自由、平等是民国政府的政治原则，然在中国长达两千多年的封建专制统治中，不平等的现象随处可见，涉及生活的方方面面，显然与民国政府所倡导的自由、平等格格不入。南京临时政府成立后，大力提倡人人平等，颁布了一系列法令。1912 年 3 月以临时大总统的名义，颁布了"废除贱民身分，许其一体享有公民权利"令，指出："天赋人权，胥属平等……若闽粤之蛋户、浙之惰民、豫之丐户，及所谓发功臣及披甲家为奴，即俗所称义民者，又若雉发者并优倡隶卒等均有特殊限制，使不得与平民齿。……凡以上所述各种人民，对于国家社会之一切权利，公权若选举、参政等，私权若居住、言论、出版、集会、信教之自由等，均许一体享用，毋稍歧异，以重人权而张公理。"② 对于人们交往中存在的反映不平等的旧式称呼、封建礼节等，临时政府也明令加以废除或更改。1912 年 3 月，临时大总统指令内务部"革除前清官厅称呼"，"嗣后各官厅人员相称，咸以官职；民间普通称呼则曰先生、曰君，

---

① 民国云南省民政厅档案，卷宗号"11—8—103、105、106、107、108"，云南省档案馆馆藏。

② 《大总统通令开放蛋户惰民等许其一体享有公权私权文》，《临时政府公报》第 41 号，1912 年 3 月 17 日。

不得再沿用前清官厅恶称"。① 对于清朝的叩拜、拱手等旧式礼节临时政府也宣布废除,代之以鞠躬礼,规定普通相见时行一鞠躬,最敬礼为三鞠躬。除此之外,南京临时政府还依据资产阶级"天赋人权,胥属平等"的原则,针对过去社会买卖人口的不良恶习,颁布了《大总统令内务部禁止买卖人口文》、《大总统令外交部妥筹禁绝贩卖猪仔及保护华侨办法文》,令文要求:"通饬所属嗣后不得再有买卖人口情事,违者罚如令。其从前所结买卖契约悉予解除,视为雇主雇人之关系,并不得再有主奴名分。"② 上述种种法令政策的公布,在当时云南社会亦引起了强烈的反响,出现了一些新气象,"流行'自由平等'、'文明世界'、'改良开通'等口语,洗尽腐败古董气氛,一切都讲究新式、时髦"。③

开创平等新风的另一典型表现即是以民主平等为取向的服制改革。1912 年 6 月 22 日《申报》以《民国新服制将出现》为题报道了国务院议定的民国服制草案(即 1912 年 10 月颁行的《服制》),规定民国服制"大别为三:(一)西式礼服(二)公服 (三)常服。礼服纯仿美制;公服专以中国质料,仿西式制用;常服略仿中国古制,稍为变通……第一章男子礼服……第二章女子礼服……第三章便服……",④ 并规定了礼服的样式、颜色、用料。由上述规定不难看出,民国政府制定的服制只有男女之别而没有等级之分,无论官民,式样一律,与过去

---

① 《内务部咨各部省革除前清官厅称呼文》,《临时政府公报》第 27 号,1912 年 3 月 2 日。

② 《大总统令内务部禁止买卖人口文》,《临时政府公报》第 27 号,1912 年 3 月 2 日。

③ 李实清、赵生白:《重九起义后的改革措施和社会情况》,《云南文史资料选辑》第四十一辑,云南人民出版社 1991 年版,第 298 页。

④ 《民国新服制即将出现》,《申报》1912 年 6 月 22 日第 3 版。

刻意强调等级的封建服制形成鲜明对比，体现了民国时期所倡导并为人们逐步接受的民主平等观念，也推动了云南服饰风尚的变迁，即趋向于多样化、自主化和平等化（见第一章）。

三　西学东渐的冲击

鸦片战争后，西方挟坚船利炮，迫使中国打开了对外开放的门户，之后伴随商品大潮涌入的西方文化也使中国传统的思想文化受到前所未有的挑战，大大动摇了传统社会的根基，并成为近代中国社会风尚变革的一种重要动力。

众所周知，思想是行为的先导，一般而言，思想观念的变化总会或早或迟引起行为的变化，因此，西学的冲击是近代云南社会风尚变迁的重要动力。西学能够促使近代社会的变革，并不仅仅是取决于其本身的内容如何，更要看中国对西学的取舍、加工和改造，而这基本是围绕"救亡"这一轴心而进行的。这是由中国近代的政治危机和国家衰弱所决定的。

（一）云南西学东渐的基本路径

鸦片战争之后，"海禁既开，所谓'西学'者逐渐输入；始者工艺，次者政制。学者若生息于漆室之中，不知室外更何所有；忽穴一牖夕窥，则粲然者皆昔所未睹也"，起初也仅是一些有识之士关注西方文化，且影响甚微，以致知识分子感慨："固有之思想，既深根固蒂，而外来之新思想，又来源浅觳，汲而易竭。"① 为此，"对外求索之欲日炽，对内厌弃之情

---

① 梁启超著，夏晓虹点校：《清代学术概论》，中国人民大学出版社 2004 年版，第 194、218 页。

日烈"的知识分子开始广泛输入西方的哲学与社会科学等思想学说。以严复翻译的《天演论》为开端，之后有达尔文的生物进化论、卢梭的天赋人权观、孟德斯鸠的民主政治思想等等，这些西方思想学说的广泛传播为中国带来了新思想新观念，并发挥了思想启蒙的作用。尤其是 19 世纪的维新运动，第一次真正意义上打开了知识分子的眼界，启蒙了国人的民主、自由、平等和竞争等现代思想意识，也为资产阶级民主革命作了思想准备。

在这社会剧变的历史时期，地处西南边陲的云南，直至 19世纪末，以清末新政为发端，西方文化才主要通过设立学校、派遣留学生、创办报刊、翻译西方著述等方式大量传入。

西方文化传入云南的第一个主要渠道是开办新式学堂。从 1906 年起，昆明地区终止乡试、会试、科考和岁考等，正式废除沿袭千年之久的科举制度，而代之以新学，之后云南的各级各式新式学堂勃兴。虽然清廷颁布的学堂章程强调要"以忠孝为本，以中国经史之学为基，禆学生心术壹归于纯正，而后以西学渝其知识，练其艺能"，[①] 然实际的发展却使西方近代的自然科学、哲学和人文科学不断传入，冲击着封建传统的思想文化。因此，新式学堂是传播西方思想文化的重要而普遍的途径，也是促使近代云南思想观念从传统到现代转变的重要方式。

派遣留学生是西方文化传入云南的另一重要途径。云南从 1902 年开始选派留学生，在前期主要是官派，1905 年后自费

---

① 琚鑫圭、唐良炎编：《中国近代教育史资料汇编·学制演变》，上海教育出版社 2006 年重印本，第 298 页。

留学者日渐增多，至宣统末年仅留日学生就约达数万人。[①] 早期的留学生多学习自然科学和军事，后期的留学生则涉及政治、经济、法律、社会等方面的内容，无论是学习哪种知识，他们在国外都耳闻目睹、亲身体验了西方思想文化的氛围，其思想观念的改变是可想而知的。留学生，不仅成为种种西方近代科学在云南的奠基者和传播者，而且成为活跃在近代云南政治、经济和文化各领域的中坚力量。传入云南的西方近代新思想新文化很大程度上得益于这些留学生，他们通过创办报纸、杂志和编印书籍，宣传民主革命思想，如留学日本的云南籍同盟会员于 1906 年在日本东京创办《云南》杂志（并在省内外设有代办所），至 1911 年共发行 23 期，是当时留日学生界地方刊物中坚持时间最长的革命刊物，发行量最高时达到 1 万册，仅次于《民报》。[②]《云南》杂志以大量篇幅揭露英法帝国主义侵略云南的阴谋，呼吁云南人民奋起保卫祖国西南边疆，号召云南人民树立国民意识和国家观念，他们认为"国民者，继续生存于同一之地域及共同政治之下，而皆有参政权，且于法律中皆平等自由之一公法人也"。[③] 同时，他们因受到日本及西方各国文明习尚、良好社会风气的熏染，遂渐渐萌发出一些改良社会的思想，如提倡女子学校教育、公益公德、讲卫生、做体育活动、风俗改良等。[④] 留日学生所具有的这种现代思想观念，伴随着《云南》杂志在云南人民中间的传阅而不断扩散。"物竞天择"的进化论、自由平等博爱的天赋人权学说及

---

① 谢本书、李江主编：《近代昆明城市史》，云南大学出版社 1997 年版，第 78 页。

② 方汉奇：《中国近代报刊史》（下），山西人民出版社 1982 年版，第 408 页。

③ 侠少：《国民的国家》，《云南》第 13 号，第 25 页。

④ 周立英：《从〈云南〉、〈滇话〉看晚清云南留日学生的近代思想》，《云南民族大学学报》（哲学社会科学版）2007 年第 4 期。

各种社会主义学说，至少一部分是通过留学生的渠道传入云南的，并产生了重大影响，也有力冲击着云南社会风尚的近代转变。

报刊作为近代的重要传播媒介，对传播西方思想文化作用巨大。清末以后云南新闻出版业发展迅速，尤其是"五四"运动以后，宣传反帝爱国，提倡新文化、白话文，提倡民主与科学、反对旧文化旧礼教方面的报刊不断出现，如《救国日刊》、《学生爱国会周刊》、《均报》副刊《学镜》、《滇潮》、《民觉日报》、《澎湃》、《女生》等。[①] 至 20 世纪 20 年代，仅"云南省城刊物，合日刊、间日刊、半周刊、周刊、旬刊、半月刊、月刊、季刊、校刊、不定期刊并计，不下五十种，可谓极一时之盛"。[②] 辛亥革命到抗日战争前夕云南报纸种类达 54 种，刊物达 133 种。[③] 近代化的报刊对云南思想文化的近代变迁影响颇大。它以大量的篇幅介绍西方科学知识，阐发西方新思潮，对转变人们的思想观念，具有积极而明显的效果。大多数有识之士，正是通过阅读报刊获取了大量的新思想新认识，而成为推动云南思想文化由传统向近代转变的生力军。

与此同时，西方传教士于 19 世纪 70 年代深入云南，之后影响不断扩大，据《云南边地问题研究》记载，仅"澜双两县之数十学校，数百所礼拜堂布道会，万余人之教徒"，[④] 其影响之大已显而易见。他们在传播宗教的同时也传播了一些适应近

---

① 参见蓝华增《"五四"以后的云南文化》，《云南省社会科学院历史研究所研究集刊》1987 年第 1 期。

② 谢晓钟：《云南游记》，文海出版社印行，1967 年版，第 117 页。

③ 昆明市志编纂委员会：《昆明市志长编》卷十三（内部发行），1983 年版，第 20—29 页。

④ 云南省立昆华民众教育馆编辑：《云南边地问题研究》（下），民国二十二年（1933）十二月出版，第 132 页。

代社会发展要求的思想文化，如禄劝老乌教会对教徒规定了戒条，要求教徒"不吹烟、不赌钱、不喝酒、不种烟、不算命、不送鬼、不拜菩萨、不跳神、不择日子、不娶妾"，滇东北的教会主张革除妇女裹脚的封建陋习，妇女有入学受教育的权利，提倡妇女解放等等。① 另外，传教士为发展信徒，扩大影响，建立了大量教会学校，据不完全统计，到 1950 年，仅基督教会在云南开办的学校就有小学 97 所、中学 10 所、幼儿园 13 所、经院学校 11 所、职业学校 13 所。② 当然传教士办教会学校的主要目的是培养更多忠实于其宗教的神职人员，但同时，通过学校教育也把一些近代科学知识和西方近代思想观念灌输进来了，一定程度上开阔了人们的视野，促进了这些地区文明开化和生活习尚的转变。

（二）西学东渐促成云南社会风尚的解构与建构

19 世纪末以后，云南社会风尚在西学东渐的冲击下发生了极为重大的变化，其核心是近代云南社会风尚的变迁与西方影响紧密联系在一起，与爱国主义、救亡图存的主题联系在一起。

马克思是较早认识到西方影响的人，他特别指出："所有这些同时影响着中国的财政、社会风尚、工业和政治结构的破坏性因素，到 1840 年在英国大炮的轰击之下得到了充分的发展……接踵而来的必然是解体的过程，正如小心保存在密闭棺材里的木乃伊一接触新鲜空气便必然要解体一样。"③ 而解体与新生是相伴相生的同一过程的两个方面，近代云南社会风尚的

---

① 参见马廷中《云南民国时期民族教育研究》，中央民族大学博士学位论文，2004 年，第 140 页。

② 同上书，第 133—135 页。

③ 《马克思恩格斯选集》第一卷，人民出版社 1995 年版，第 692 页。

变迁过程即是云南守旧社会风尚逐步消失，适应社会发展要求的新风尚日渐形成的过程。

大量西方文化的传入促使云南传统的社会风尚发生了不同于近代以前的明显转变。

1. 西学东渐改变了人们的知识结构，儒家思想的统治地位开始动摇，崇西学和尚西方风尚日渐流行

晚清新政以前，云南传统的知识结构基本是局限于经史子集，新式学堂的兴办和留学生的派遣使人们开始接触到"四书"、"五经"之外的科学知识，如算学、中外史学、中外舆地、外国文、博物、物理、化学、动植物学、地质及矿产学、法律学、天文学、农艺学、农业化学、林学、兽医学、土木工学、机器工学、造船学、电器工学、建筑学、应用化学、商业地理学、簿记学、产业制造学、商法学、商业地理、医学、药学等等。随着时间的推移，接受西学课程的人数亦不断增加，维系云南统治的儒家思想，其权威性受到了严峻挑战，作为官方统治思想的地位开始动摇，首先是时代精英们纷纷远离儒学而开始认同并学习西学。儒家所一贯倡扬的重义轻利、重农抑商、尊卑有序的等级观念等传统价值观念逐渐失去了其固有的位置，而民主自由平等、崇商重商等新观念也由少数有识之士的思想主张逐渐成为一种普遍的价值取向。对外战争的失败和民族危机的加深使人们越发崇尚西学乃至西方，于是否定传统的封建生活方式，追求西方新的生活观念，便成为一种潮流。在以昆明为中心的城市及铁路、公路沿线地区，诸如衣食住行、娱乐形式等人们的日常生活都有了相当大的改变，"西化"的风尚一度成为人们追求的理想生活取向。特别是民国建立后，在洋化意味着革命、意味着与旧势力决裂的思想引导下，服饰崇洋风尚盛行，西餐也一度在城市一些人中流行，城市里

西式建筑和室内西式用具不断增多，西方的现代交通工具不断被引入，西方新潮的娱乐休闲方式也被大量移植进来等等。

当然，在这一过程中，崇尚西方的风气也由最初的"盲目"而逐步趋于理性，主要是围绕救亡图存的主题，立足于社会发展对西方文化进行有选择的取舍。抗日战争时期，西南联大一些科目增加招收新生数量的行为就充分反映了这一点，即"自 1939—1940 学年度开始，机械、电机、航空、物理及经济各增添一班新生（有的由于社会需要也增加了）。新生入学人数骤然增加，社会需要量大的学科尤为突出，如外国语文学系（从 30 人增至 60—70 人）、经济学系（从 50 余人曾增至近百人，最高达 185 人）、机械工程学系（自 40 余人有数年曾增至 80—90 人）等"。[1] 同时越来越多的知识分子也开始理性思考中西文化，浦江清的"内心表白"某种意义上代表了当时绝大多数的云南知识分子对中西方文化的态度，他在昆明于 1944 年 4 月 23 日写给妻子张企罗的信中谈道："从前你觉得清华的人思想有点洋化，洋化是好的，受过西洋文学熏陶的人，对于爱情和婚姻认真的，不乱来。我的思想似乎很矛盾，对于中国的古文化，甚为神往，对于西洋文化也很崇拜……我实在是既中国，又西洋……西洋才算平等。所以思想洋化是好的……西洋人讲结婚的爱，小家庭的生活，一切以感情为重，要合理得多。中国人的理想主义是书本上说说的，做不到的……所以以后我们的生活要以表面中国，骨子里用西洋精神，互相策励。谁也不能自私的。你以为对吗？物质上我们不必西洋，精神上应该西洋。"[2]

---

① 西南联大北京校友会编：《国立西南联合大学校史》，北京大学出版社 1996 年版，第 69 页。

② 浦江清著，浦汉明、彭书麟编选：《无涯集》，百花文艺出版社 2005 年版，第 239 页。

2. 西学东渐冲破了消极封闭的思想观念，拓展了人们的认知空间，促成了人们国家全局观念和世界意识的形成

近代以前，由于自然地理条件的阻隔，云南与外界基本上是隔绝的，除了其生活的本乡本土外，人们对外部世界的认知空间相当有限。19 世纪末以后，随着蒙自等城市的开放及滇越铁路的建成通车，各种新式书籍尤其是有关世界各国史地书籍大量传入、出版，各类报刊相继创办，人们的认知空间得以极大拓展，从本乡本土逐步拓展到了全国乃至全世界，有力促成了云南人的国家全局观念和世界意识的形成。正是具有了国家全局观念，彭桂萼才可能写下《云南边地与中华民族国家之关系》；云南报刊在揭露法国修筑滇越铁路的真正用意时，才能一针见血地指出法国"欲进取云南以保越南根据地，为抵抗英人计，与之争两湖、三江上游之利，而进中原之势"；[1] 有识之士才能从国家全局层面思考云南安危的重要性，并指出只有云南"无恙"，四川、贵州、两广才可"无恙"，腹地各行省才可"安枕无忧"，只有云南未被法、英占领，扬子江流域、黄河流域与福建、陕西、甘肃各省才可"保全"；[2] 等等。

通过报纸杂志、书籍及留学生——这一西学传播的主要载体，云南人开始逐步认识并了解世界，因为许多报纸杂志都或多或少刊登有国外的消息，如《云南》杂志多次转译法人原著以拆穿法帝国主义侵略云南乃至中国的本质，如第三、四、六、九、十三号登载了大悲、直斋、社员等人翻译的《云南游记》（法人古德尔孟著），第十一号又刊登了《吞灭四川策》

---

① 《滇事危言录初集》，杂著，第 87 页，宣统三年（1911）版。

② 磨厉：《云南与中国的关系》《滇活》（第 1 号），第 14 页，转引自周立英《从〈云南〉、〈滇话〉看晚清云南留日学生的近代思想》，《云南民族大学学报》（哲学社会科学版）2007 年第 4 期。

（法人得酿得勒著）。新式书籍中也有一些有关西方文化的知识，这些使读者具有了较为开阔的世界视野，启发他们开始从世界的角度以横向比较的方式思考云南乃至中国，并根据世界形势对云南社会危机建言献策，一定程度上冲破了消极封闭的思想观念，如《曙滇》痛斥英国公然侵略云南的片马，"夫片马，我之领土，我之主权所在也。领土保全，主权尊重，国际间之公义也"。① 充分显示了云南人具有的世界眼光。张凤岐的《云南外交问题》也从一个侧面反映了云南人所具有的世界意识。

世界意识的形成也使一些云南人初步具有世界市场观念，其典型表现是云南地方政府多次组织出国参加国际商品展览会，如1912年的东京大正博览会、1914年的巴拿马万国博览会和赴美赛会、1918年的河内参观展览会、1928年的美国都利诺万国丝绸展览大会、1932年的芝加哥博览会和南洋劝业会、1938年的美国世界博览会、1936—1940年的法越河内商品展览会等。② 因认识到云南市场竞争在国际竞争中的地位，万湘澄写了《云南对外贸易概观》、钟崇敏写了《云南之贸易》等反映云南贸易在国际竞争中概况的书籍。

3. 西学东渐促使一些保守的价值观念逐步被破除，一些适应近代社会发展的思想观念迅速流行，并引领着近代云南社会风尚变迁的方向

近代云南在被强行拉入资本主义世界体系之后，便开始了由农业文明向工业文明的艰难转型，毫无疑问，这一转变是通

---

① 《曙滇》，创刊号。

② 陈征平：《云南早期工业化进程研究：1840—1949年》，民族出版社2002年版，第243页。

过西方的冲击这一外在形式表现出来的，所以，伴随着这一过程而来的一些西方文化，有些因适应云南社会转变的客观要求，逐步为云南社会所接纳、融合，并迅速流行，当然这一过程同时也是传统保守思想观念逐步消失的过程，其主要表现为：

（1）"知足"观念受到冲击，竞争意识日渐外化于人们的行为。自由竞争观念是近代西方资本主义最基本的价值观念之一，或者也可以说是维系资本主义经济体系的精神支柱。云南被强行卷入资本主义世界体系之后，强烈的民族危机意识和救亡意识，促使人们在"优胜劣汰"的自由竞争规律面前开始由被迫适应到主动出击。其突出表现是工商业。面对汹涌而来的外国商品大潮，云南有识士绅刘椿等认识到"今之时世一实业竞争之时世也"，面对滇省"坐使自然之利一任外人之攘夺，而不知惜"的境况，甚为担忧，"以为此不筹抵制漏卮将无已时，于是专心学习，遍历各省以及日本，研究所用药料与夫关于化学之理，所有煎熬提炼配对度数均已融会贯通，能自制造"，[①] 开始试办隆昌火柴公司。云南当局鉴于纺织业在市场竞争中的不利地位，为"振光国货，挽回利权"，"遂于民国二十三年（1934）筹设纺织厂，至民国二十六年（1937）筹备成功，八月开工，云南的机械纺织业由是肇其端倪"。[②] 在这一过程中，一些人已经意识到，能否在激烈的竞争中获胜，主要在于自身的实力，在于商品是否具有竞争力，如云南早期工业化的开拓者——缪云台，为使滇锡参与国际竞争，筹组了炼锡公

---

① 吴强编选：《清末官商大办实业》（档案史料），《云南档案》1998 年增刊，第 79 页。

② 张肖梅：《云南经济》，民国三十一年（1942）版，第〇六页。

司，通过解决诸如建立炼锡公司所生产锡条在国际市场的信誉、个旧锡产地与国际市场的电讯交通问题、滇币与外汇的汇兑问题等一系列影响竞争的问题，依靠科技提升了锡矿的品质，结果大大提高了滇锡在国际市场上的竞争能力，获得了成功。再如，茂恒茶号为提高市场竞争力，也采用了以提高商品品质取胜的对策，即改进沱茶的配料，把过去用两成春尖茶做盖面，三成春中茶做二盖，五成春尾茶做底茶，另外用少量毛尖撒在表面的配料，改为春尖茶两成，春中和春尾茶各四成，并多加毛尖撒在表面，这样就提高了沱茶的质量。这种改良沱茶即便价格提到比永昌祥售价还高 5% 左右，仍盛销不衰。[①]

竞争意识的增强，有助于破除云南传统文化中"知足"的保守价值观，有利于激发人们的主动精神和创造意识，推动近代社会风尚的趋新变革。

（2）封建专制思想受到严峻挑战，民主自由平等思想成为人们的精神追求。中国人对民主的追求早在鸦片战争结束不久就开始了，近代中国第一批睁眼看世界的先进人物——魏源、徐继畬等，在他们的著作中都以赞赏的态度介绍过西方的民主制度。洋务运动期间，介绍西方议会政治、民主政治的著作逐渐增多。戊戌维新时期，维新派主张"兴民权"、"设议院"，实行君主立宪，并着力宣传了西方资产阶级的自由、平等、民权思想。进入 20 世纪之后，民国政府的成立进一步推动了民主、自由和平等思想的传播。云南人对民主、自由和平等思想的追求即是从民国开始，确切地说，从"五四"新文化运动开始，云南人才将民主、自由和平等作为近代新思想加以追求和

崇尚，为此还集中地攻击了由旧官僚、封建士绅、遗老等组成的"同善社"，撕下他们伪道学的面具，指明由这些人所把持的社会已百孔千疮，极端地堕落腐败，疾呼"我们为要由奴隶的苦境里解脱出来，向光明的新社会，得到人间的真的生活"。①"五四"运动之后，云南创办了《救国日刊》、《学生爱国会周刊》、《均报》副刊《学镜》、《滇潮》、《民觉日报》、《澎湃》、《女生》等报刊，在提倡民主与科学，反对旧文化旧礼教方面率先呐喊，如《滇潮》在揭露云南军阀专制法治的实质时指出："一面废督，一面仍招兵；一面取缔人民的言论自由，一面也把筹办地方自治的招牌挂起来。"② 而且充满信心地指出："我们相信未来之世界，一定为'德莫克拉西'之世界无疑。"③ 学生们还编演了《打章宗祥》、《何必当初》、《三不愿意》、《女学生断指盟誓》等白话剧，宣传新思想新文化，反对封建婚姻，其中柯仲平为《打章宗祥》一剧创作的歌词："莫懒惰呀，哥哥！莫疏忽呀，妹妹！我们是幸福的创造者，前面是自由之路了，快跑！快跑！"④ 也充分反映了人们对自由平等的向往和追求。据统计在昆明出版的刊物中，讨论得最热烈的内容主要是：鼓吹女子解放，男女人格平等、社交公开；批判旧式婚姻、贞操观念，提倡自由恋爱；反对宗教迷信，提倡民主科学等，⑤ 渗透着人们对自由、民主和平等思想的崇尚与追求。

---

① 杨青田：《忆五四》，《云南日报》1979 年 5 月 3 日。

② 《曙滇》，创刊号。

③ 《滇潮》，创刊号。

④ 参见蓝华增《"五四"以后的云南文化》，《云南省社会科学院历史研究所研究集刊》1987 年第 1 期。

⑤ 昆明市志编纂委员会：《昆明市志长编》卷九（内部发行），1983 年版，第 118、123 页。

总体上来说，是西方文化的冲击造就了近代云南社会风尚中趋新、求变的气候，有力推动了云南社会风尚的变迁。虽然传统的社会风尚受到一定的冲击，在云南很多地方仍占主导地位；自由、平等、民主思想，也仅为一部分人所接受，并未为整个云南所认同，但它毕竟开启了近代云南风尚变迁的闸门，并形成一发而不可收拾之势。

四 口岸城市的辐射及示范效应

英法将云南周边国家变为自己的殖民地后，采取种种卑劣手段，强迫清政府签订一系列不平等条约，迫使云南对其开放，从1889年至1898年，云南蒙自、河口、思茅、腾冲等在英法殖民主义的胁迫下先后开关，1905年，昆明在云南士绅保护自己利益的协约下，自行开关。蒙自开关后，云南由一个较为封闭的省份转变为相对开放的省份（尤其是昆明自行开埠），其与沿海及周边国家和地区的联系通过商品贸易逐步加强，云南社会的经济结构和其他社会特征逐渐加快了近代转变，社会风尚由此开始了历史性的变化。在这一过程中，开放的口岸城市因为其形成的生活资源优势无论在物质生活方面还是在精神生活方面，对区域城乡风尚变迁都具有极强的辐射和示范效应。

（一）近代社会风尚以口岸城市为中心向区域城乡辐射的基本格局

较其他地区相比口岸城市因更早接触西方的物质、思想文化，其社会风尚便较早出现了不同于传统的新变化，在人们趋新求异心理的推动下，出现于口岸城市的一些新风尚逐渐向外扩散，主要是通过口岸城市经济对区域城乡及周边地区经济的连带发展而形成。

1. 东部沿海城市向区域城乡的辐射

首先也是最主要的就是沿海口岸城市开放后,商品经济发展迅速,带动了周边经济的发展,也为周边地区提供了较多的就业机会。[①] 以上海为例,经济上的联系使上海流行的风尚通过生活样式的模仿与熏染向周边地区四散开来,带动了周边地区风尚的变化。19 世纪五六十年代以后,上海流行的衣冠服饰、攀比消费、崇利重商等风气浸染到相邻州县,促使那里的风尚发生相似或相同的变化。如紧邻上海的浙江嘉善县,"乾嘉时风尚敦朴,咸同而后渐染苏沪风气,城镇尤甚,男女服饰厌故喜新。东南乡多小市,农工习于游惰"。[②] 与上海隔海相望的浙江定海县,"海通以前,敦尚朴素,渔盐耕读,各安其业","迨商埠既辟,遂相率趋沪若鹜","风习于焉丕变,编户妇女珠翠盈颠,城市郊野第宅云连,婚丧宴会之费动辄以千计",服饰方面也因"海通以后,商于沪上者日多"而"奢靡之习由轮舶而来,为之丕变,私居燕服亦被绮罗,穷乡僻岛通行舶品,近年来虽小家碧玉亦无不佩戴金珠者矣,往往时式服装甫流行于沪上不数日,乡里之人即仿效之",[③] 当然这种辐射及示范效应往往会因城市的交通地理条件和商品经济的发展程度不同而不同。

流行于东部沿海城市的风尚伴随云南交通条件的改善和经济的发展,日渐传入并浸染着交通沿线城市,如阿迷州"自滇

---

① 尽管有时口岸城市对周边地区经济的发展因为具有经济替代作用而可能抑制其发展,但主要的还是起促进作用。

② 《嘉善县志·风俗》,光绪十八年本。转引自孙燕京《晚清社会风尚研究》,中国人民大学出版社 2002 年版,第 110 页。

③ 《定海县志》(册五)方俗志第十六·风俗,1924 年铅印本。

越路通后，沪上奢侈之风，昆明斗靡之习交相传来，于是简朴耐劳之风竟化为奢惰之习"。① 同时随着"两粤、江浙各省之物品，由香港而海防，海防而昆明"，沿海城市风尚逐步熏染着以昆明为中心的云南城市社会风尚。

2. 1910 年以前以蒙自为中心向周边地区的辐射②

1889 年蒙自开埠后，日益发展为重要的进出口商品集散地。鉴于此，云南主要从事外贸的商号纷纷将总号设在蒙自。据蒙自县志记载："光绪二十六年（1900）前后蒙自有外贸大商号 48 家。著名的'八大号'实力雄厚。出口大锡，进口棉纱、布匹和日用百货……开关初期，不仅掌握了个旧大锡出口，还垄断了临安府、普洱府、开化府等地区的日用品销售。"③ 法、英、德、希、意、日、美等国还在蒙自设洋行以销售其商品，较为重要的就有安兴洋行、沙厘耶洋行、加波公司、亚细亚水火油公司代理局、巴黎百货公司代理处、博劳当洋行、哥胪士洋行、若利玛洋行、和田洋行等 20 家。④ 商业发展进一步带动了如饭店、马店、旅店及其他服务业的发展，商业店铺达数百家。商业的发展也使蒙自流动人口大为增加，商品销售范围拓展。开关前，蒙自城区居民不过数千人，而光绪二十二年（1896）县城人口达到 12000 多人，光绪三十二年（1906）更是由过去的

---

① 陈权修、顾琳纂：《阿迷州志（二）》，台湾学生书局出版，1968 年影印，第 521 页。

② 1902—1910 年，蒙自关外贸值占全省外贸值的 77％—89.7％，始终居于全省主导地位。1910 年滇越铁路通车后，云南对外贸易通道为之一变，蒙自对外贸易日渐萧条，云南对外贸易中心北移昆明（见蒙自县志编纂委员会编《蒙自县志》，中华书局 1995 年版，第 572、38 页）。因此，1910 年以前云南社会风尚基本是以蒙自口岸为中心向周边辐射的。

③ 蒙自县志编纂委员会编：《蒙自县志》，中华书局 1995 年版，第 591 页。

④ 同上书，第 593—595 页。

3万猛增到4万人。此时期进出蒙自县城的驮马，有时一天多达五六千匹。[①]"宣统二年（1910）以前，全省21个府厅，有20个府厅，93个县城，远至滇西的大理、丽江，滇南的普洱，都是蒙自口岸进口商品的销售市场。其中，最主要的市场是澄江府、云南府、曲靖府、开化府，占蒙自口岸运销内地商品值的75%，而第一位的是澄江府。澄江府当时是云南省手工纺织业最发达的一个府，需要的洋纱最多，而洋纱正是蒙自口岸进口量最大的商品，占运销内地商品的70%以上。光绪二十六年（1900）以后，布匹、呢绒日用百货的进口量增加，云南府的洋货需求量才超过澄江府，成了蒙自口岸进口商品的最大市场。"[②]蒙自作为全省进口商品的集散地，其工商业的兴盛有力地带动了周围城乡地区工商业的发展与市场的繁荣，从而促使周围城乡地区人们的生活样式、思想观念和生活风尚的改变。如清末至民国年间，因蒙自商业的拉动，使回族聚居区个旧沙甸出现一批专门从事驮运、贩运的商贩，后来发展到一部分商人可以大量供应个旧私人矿厂所需的大米、木炭、蔬菜等。[③]处于蒙自至越南途中的蛮耗、河口也在蒙自日渐繁盛的外贸拉动下发展并繁荣起来，"据咸丰三年（1853）蛮耗残碑记载，当时蛮耗渡口有'水夫'16家。开关后因经商在蛮耗定居的两广人有百户左右"。然运输条件的落后（主要是马帮运输），使蒙自的辐射及示范效应多限于周边地区，对较远的地区如滇西的大理、滇南的普洱影响有限，且影响对象主要是有经济资本和社会地位的商人及官吏。

---

① 蒙自县志编纂委员会编：《蒙自县志》，中华书局1995年版，第571页。

② 同上书，第576—577页。

③ 参见马世雯《清末以来云南蒙自与蛮耗口岸的兴衰》，《云南民族学院学报》（哲学社会科学版）1998年第2期。

3. 滇越铁路开通后昆明商埠对云南社会风尚变迁从总体上的拉动

昆明自 1905 年开埠尤其是滇越铁路开通后工商业迅速发展，并逐步取代了蒙自的中心口岸地位，至抗战爆发前全省进口货在蒙自集散的，棉货占 5.17％，丝货占 11.25％，毛货占 6.75％。[1] 除个旧大锡仍主要从碧色寨报关出口外，蒙自已无大宗商品集散。"铁路开通以后，原来在蒙自进行的货物集散，大部分都移到省城来进行"，[2] 昆明作为云南从事省际贸易中心市场的地位开始确立，从此，昆明的省际贸易由少到多，对外贸易从无到有，工商业亦大为发展。省内省外商号开始纷纷向昆明聚集，据昆明市政统计，民国十三年（1924）昆明市共有各业商号 4401 家。[3] 大批外商也涌到昆明开设洋行，原来设置在蒙自的洋行有的迁到昆明，有的在昆明蒙自同时设行，有部分在昆明设分行或代理处。外国人先后在昆明开设的洋行达 34 家之多。[4] 1905—1910 年 5 年时间昆明就创办了近 20 家近代工业，并迅速从军用工业拓展到民用工业领域，并且商办成了民间投资办厂的主要形式（详见表 2—2）。

---

[1]　蒙自县志编纂委员会编：《蒙自县志》，中华书局 1995 年版，第 572 页。

[2]　前揭外务省通商局编：《云南事情》，第 73 页，转引自薄井由《清末民初云南商业地理初探——以东亚同文书院大旅行调查报告为中心的研究》，复旦大学博士论文，2003 年，第 89 页。

[3]　参见罗群《近代云南商人与商人资本》，云南大学出版社 2004 年版，第 174 页。

[4]　李珪主编：《云南近代经济史》，云南民族出版社 1995 年版，第 221 页。

表 2—2　昆明开埠后近代工业发展状况表（1905—1910 年）

业别	厂名	创办时间	资金（万元）	经营状况
采矿	宝华公司	1908	4—34	官办，次年改为官商合办
造币	度支部云南造币分厂	1905		官办，铸造银币
火柴	裕通火柴有限公司	1908	3	商办
	松茂有限火柴公司	1909	1	商办
	协和火柴厂	1909	0.5	商办
	云昌火柴有限公司	1910		商办
鞋帽	华盛店	1906	1	官办，生产皮革、皮包等
	昆明市幼孩工厂	1909	0.9	商办，生产鞋帽、线带等
制革	光华公司	1907	3	商办
	云南陆军制革厂	1908		官办，产品军用
卷烟	荣兴烟草公司	1909	0.6	商办
	六合兴旺有限公司	1910	0.025	商办
食品	民新罐头公司	1910	1	商办
	云丰机器面粉股份有限公司	1910	10	商办
公用	耀龙电灯公司	1909	25.75	官商合办
印刷	云南官印局	1910		官办，石印铅印
制茶	云雾茶庄	1910	2	商办
机具	广昌钢铁机械公司	1910	0.4	商办，生产铁门、栏杆、机器

资料来源：云南近代史编写组编：《云南近代史》，云南人民出版社 1993 年版，第 160—162 页。

人口职业的变化较好地反映了昆明工商业的发展。1909年，昆明的人口调查汇总资料表明，在所辖各城区的 94820人，商业为 7445 人，工业人数（雇工、船业）为 13715 人。在全部城市居民中，商业人口占 7.85%，工业人口占

14.46%。1932 年昆明城市总人口 105617 人，从事工商业的人口（30 岁至 49 岁）分别为 24010 人、9429 人，两类人口总计 33439 人，占全部人口的 31.66%，而 1909 年只有 22.31%。[①] 如果与开埠之前比较，变化将更加显著。

自辟商埠后的昆明，因便捷的交通条件（滇越铁路直达）和工商业、政治、科技、文化的中心地位，其影响力、辐射力、凝聚力凌驾于全省各城市之上，对云南社会风尚变迁的影响超越了任何其他城市，从总体上拉动着周边乃至全省风尚的变迁，其主要方式是随商品的扩散而逐步扩散。

（二）口岸城市的直接示范作用

口岸城市，因西式商品和新式工商业在这里大量集聚，外国移民在这里大量居住，对西学西艺感兴趣、具有新思想新观念的人也多活动在这里，从而产生越来越多的优势资源，形成巨大吸引力，吸附着散布在其他城市和农村的财富、精英人才和各层次人力流入，从而形成集聚效应，发挥着直接示范作用。

1. 近代城市的出现对传统生产方式的影响

开埠通商是云南城市近代化的起点，开埠以后，对外贸易发展迅速，通商口岸城市逐步成为输入外国工业品和输出原料的集散地。由于开埠，西方近代科技、近代工业及现代城市建设与管理首先传入这些城市，为城市近代化奠定了物质基础，近代城市在开埠的契机中逐渐产生和发展，口岸城市也逐渐走上与农业生产相分离的近代工商业发展道路。

---

① 云南省档案馆编：《近代云南人口史料》（1909—1982）（内部发行）第 2 辑上，1987 年版，第 14、43、56 页。

近代商业是近代城市发展的基础。伴随商业贸易的持续发展，口岸城市逐步成为新兴的商业城市。开埠通商前，这些城市基本是以农业经济为基础，开埠通商后，中西商贾大量涌入，外国洋行、中国商号蜂拥而至，形成了洋行商号林立的商贸区，口岸城市成为云南进出口商品的集散地和商贸中心，并很快繁华起来。以开埠后的昆明为例，1924 年有 4325 个店铺，商业公司及商行 36 家，外商开办的洋行 15 家。① 集贸市场逐步增多，从 1913 年第一个集贸市场——劝业厂建立，到 1922 年市政公所成立在市内划定成立了 18 个市场，至 30 年代前期，形成了正义路、金碧路、东寺街一带的全市商业中心区。② 商业的发展使城市的经济中心功能迅速提升，并有力地带动了工业的发展。自开商埠后仅 5 年时间昆明就创办了近 20 家近代工业的事实，足以证明这一点。

近代工商业强大的财富集聚和增值功能吸引着富商绅宦纷纷投资城市工商业。首先靠新兴商业发家的是买办商人，后来各地商贾、士绅及各色人等争相涌入口岸城市经营商业。尤其是清末新政之后，政府鼓励发展工商业的种种政策措施，更促使社会上的财力人力向工商业聚集。新兴工商业在为工商业者提供投资机会的同时，也为更多的中下层民众提供了谋生机会。晚清以后，由于兵祸匪乱的滋扰，外国贸易与近代工商业发展对手工业的破坏和列强的经济掠夺，云南农村经济日渐萧条，农业发展日渐困难，促使农村越来越多的人涌入城市流向工商业，成为依靠工商经济为生的工商从业人员和劳工阶层，

---

① 张维翰修，童振藻纂：《昆明市志》，台湾学生书局 1968 年影印本，第 113—154 页。

② 谢本书、李江主编：《近代昆明城市史》，云南大学出版社 1997 年版，第 147 页。

其生产和生活方式已部分或完全改变。原来城市经济从属于农村的城乡一体化结构开始改变，城市经济逐步成为独立发展并带动农业的主导性经济，城市居民的生产方式日渐脱离传统农业生产模式。人们的生活方式和价值观念也随之发生了明显变化，相当一部分人的观念已经从小农经济的重农抑商转向商品经济价值观，并引领着周围城乡的变化发展趋势。

2. 口岸城市生活方式对周围地区及往来客商的吸引

口岸开放后因洋行及外国机构大量设立，入住口岸的外国移民日渐增多，一些专供外国人消费的酒店也开始兴起。光绪十五年（1889），法国在蒙自东门外设领事馆；光绪二十五年（1899），外商在蒙自创办公司、洋行；光绪三十年（1904），滇越铁路滇段全面施工，其管理机构设于蒙自，为外国人服务的酒店开始出现，主要有滇越铁路酒吧间，1905 年开业，售卖酒、果、食品，为滇越铁路法、意籍员工服务，不接待华人；福鼎酒店，1906 年开业，供往来法国人留宿，兼售西餐及日用杂货，顾客为洋人、华人翻译、洋行职员和买办，不接待普通华人；歌胪士酒店，供中西人士住宿，兼售西餐等。[①]昆明在开埠之初，就有 87 名外国人，其中从事商业者最多，达 32 人，[②] 占总数的 36.78%。至 1922 年增至 168 人，职业仍以经商为最多。[③] 伴随大量西式商品的涌入及外国移民的到来，充满西洋异域风格的西洋生活日用品，一些因奇巧美观，

---

① 参见蒙自县志编纂委员会编《蒙自县志》，中华书局 1995 年版，第 571、595 页。

② 云南省档案馆编：《近代云南人口史料》（1909—1982）（内部发行）第 2 辑上，1987 年版，第 15 页。

③ 张维翰修，童振藻纂：《昆明市志》，台湾学生书局 1968 年影印本，第 42 页。

或使用便利，有的价钱也不高，于是首先被一些买办、商贾、富家子弟购置使用，以为时尚，然后一般市民也随之仿效，竞相购用，遂形成风气。据统计，蒙自口华洋贸易中"东洋雨伞，较上年（1893）多一倍。此等货所制既精，其价又廉，每把不过洋银一元，所以卖如是之多"。① 自 1905 年清政府把昆明自行开辟为商埠，和外人通商往来后，"帝国主义国家商人，纷纷来滇，开设洋行公司，运售它的本国产品"。昆明"城中住户、乡间农民，都争着去购买一些东西"。② 在西式商品及西方人生活方式的浸润和熏染下，口岸一些市民的衣食住行等首先开始"洋化"起来。衣饰方面，"男则多尚洋装"、③ "有些富者甚至衣必革履呢羽西装"。④ 饮食消费方面，洋式食品大受欢迎，如昆明"洋行又办进了洋面、洋冰糖、白沙糖来适应西点面包的制作和大批的洋纸来供给印刷，不久就夺占了土面、土糖、土纸的大部市场"。⑤ 居室住屋方面，"屋宇多取西式"、⑥ "室中家具皆西式而新制者"。⑦ 出行方面，由日本人创制的人力车被引进，1909 年昆明成立了第一家人力车公司，不久人力车营运受到市民欢迎。20 年代昆明开始有了自行车，并开

---

① 昆明市志编纂委员会：《昆明市志长编》卷七（内部发行），1984 年版，第 35 页。

② 同上书，第 91 页。

③ 陈度：《昆明近世社会变迁志略》卷三·礼俗，稿本。

④ 云南省档案馆编：《清末民初的云南社会》，云南人民出版社 2005 年版，第 74 页。

⑤ 昆明市志编纂委员会：《昆明市志长编》卷七（内部发行），1984 年版，第 40—41 页。

⑥ 陈度：《昆明近世社会变迁志略》卷三·礼俗，稿本。

⑦ 谢晓钟：《云南游记》，文海出版社印行，1967 年版，第 64 页。

办了自行车出租业务。1937 年，昆明开始有了公共汽车。[①] 娱乐方面，以电影放映业影响最大，早期昆明较大电影场有"新世界"、"大世界"、"大乐天"、"百代"4 家，以放映法国片为主，颇受市民欢迎，"粉白黛绿，弥望市中，电影戏院四座几满"。[②] 进入 30 年代后，昆明电影市场上外国片主要是好莱坞电影，美国 8 家影片公司均在昆明有华商代理经营影片业务。据昆明市 1942 年放映影片统计，美苏等外国影片有 89 部，占放映影片的 63.57％。[③]

上述口岸城市生活方式的这种变化造成一个后果，即相对于往来客商及其他地方形成一种优势效应，吸引着其他地区的人们产生羡慕、向往、追求、尝试和仿效的心理。一旦政治控制和制度束缚松弛，一些有条件的人们便相继仿效。如在边城缅宁（今临沧），士绅阶级的男人衣着，"类多长袍大褂，拖鞋撒袜，青年则对襟新装，或短窄广式，亦有西装皮鞋，毡帽手表，腊肠裤子……（妇女）年青的一律剪发放足，或短衣短裙，或短衣大裤，或旗袍翩翩，耳环手镯，一变而成戒指手表，已居然都市装束了。"[④] 顺宁（今凤庆县）之服式与装饰，"清末，多宽衣大裤，后渐改变，无论学生装，普通装或长衫马褂，男女装均狭小贴身，极盛于民国九年左右。民十以后，又渐改宽大，十六年以远于今日，中山装、西洋装、学生装，遍于社会。长衫犹多，马褂甚少，女子则旗袍短裤，短裙短

---

① 谢本书、李江主编：《近代昆明城市史》，云南大学出版社 1997 年版，第 172—173 页。

② 云南省档案馆编：《清末民初的云南社会》，云南人民出版社 2005 年版，第 72—73 页。

③ 昆明市地方志编纂委员会：《昆明历史资料》（抗日战争—文化）第八卷，1989 年版，第 435—450 页。

④ 彭桂萼：《西南边城缅宁》，1937 年，第 166 页。

袖，外衣线褂等等时装，与都市同。……自入民国后，装饰随时改变，男女手上戴手表、戒指……而女子已不穿耳，故耳环已废，更喜手镯、项链、手链之饰，质尚金玉，至短发天足，已极普遍，与都市同。"① 新平县"近年以来，渐有服洋装、戴眼镜、提手以为饰者矣"。② "蛮耗原来的茅房，多数变成瓦房，有的商人还建盖了法国式楼房。"③ 宜良亦"间有采用洋式新房者"。④

3. 口岸城市出现的新思想新观念向四周的扩散

口岸开放后，由于商品经济的日渐发展、生活方式的逐步变化、近代报刊的不断创办和新书籍的流行等各种因素的相互交映，在外来文明的刺激下，在新知识的扩散和新思想的宣传中，传统的思想束缚不断被突破。相对其他城市及广大农村来说，口岸城市流行着相对高位的思想观念以及文化现象。口岸城市的日益发展使得与其他城市及农村的交往频繁，并且随着时间的推移，这一交往逐渐由物质生活层面渗透到精神生活层面，从而引起口岸城市之外的城乡居民思想观念的变化。

以昆明为中心的口岸城市，逐渐向四周扩散的新思想新观念，典型的是崇商重商观念。昆明等城市自开放后，商业逐步进入世界资本主义流通领域，成为国际市场的一个环节。商品数量、种类不仅更加繁富，而且商品结构发生了深刻变化，除了原有的省内自然经济的各种产物外，还涌入了大批进口洋

---

① 云南省编辑组编：《云南方志民族民俗资料琐编》，云南民族出版社 1986 年版，第 160 页。

② 吴永立、王志高修，马太元纂：（民国）《新平县志》卷之五·礼俗，1933 年石印本。

③ 蒙自县志编纂委员会编：《蒙自县志》，中华书局 1995 年版，第 572 页。

④ 王槐荣修，许实纂：（民国）《宜良县志》卷二·风俗，1921 年铅印本。

货。口岸城市商业建筑也逐渐增多，出现了如银行、店铺、中国商号、外国洋行等一些商业建筑，这些建筑使整个城市具有了鲜明的商业风貌。加之口岸城市交易市场的空前扩大和商业的格外繁盛，各地的商人纷纷涌入通商城市经营商业。这些都强化了人们的重商思想，对商业越发重视，其结果之一就是催生了 1906 年云南商务总会在昆明的成立。商务总会的宗旨是："联络工商感情，研究工商学术，扩张工商事业，以巩固商权并调处工商争议，维持市面治安。"[1] 据档案记载，云南商会附设有"工商职业介绍所"，职业介绍所的章程规定可介绍的职业有 7 种："工商业之司账"、"工商业之书记"、"各种商业之买卖经纪人"、"各种商业之学徒"、"各种工业之技师"、"各种工厂之工人"、"各种工业之学徒"，[2] 均与工商业有关。1910年，云南商务总会为培养商业人才，创办"商业学堂"。民国十二年（1923）以宣传商业思想观念为主题的《云南商报》出版发行。1928 年昆明市商民协会成立。1931 年昆明市商会正式成立，负责各行业间的协调工作，其下属同业公会达 80个。[3] 总之，以昆明为中心的口岸城市因商业发展而催生的崇商重商观念，在口岸城市强有力的示范作用下，通过人员、商品的流动及现代媒体和组织的推动，进一步向口岸之外扩散。

　　概括起来，口岸城市的直接示范作用主要是通过"走进来"继而"传出去"的方式而完成的。

---

　　① 张维翰修，童振藻纂：《昆明市志》，台湾学生书局 1968 年影印本，第 115页。

　　② 云南省档案馆编：《清末民初的云南社会》，云南人民出版社 2005 年版，第 45—46 页。

　　③ 参见罗群《近代云南商人与商人资本》，云南大学出版社 2004 年版，第202—206 页。

口岸城市因具有经济、政治、文化、生活的优势资源，而吸引着各层次人才及大量人口聚集，其中有各地商贾、士绅等，也有进城谋生的农民及手工业者。他们在口岸城市居住了一段时间，有些甚至是相当长的一段时间后，又返回到原来居住的城市（镇）或农村。如来口岸读书的外地学生，由于他们在口岸学习了新知识接受了新教育，目睹过口岸繁荣的商业景象以及西方人的生活（吃西餐、住洋房、开汽车等），亲身感受、体验西方的物质文明（如电灯、自来水、自鸣钟、自行车等），其生活方式和思想观念会发生一定的变化，他们回到原来居住的城市（镇）或农村后，自然就将一些城市生活方式乃至一些新思想新观念带到了他们原来居住的城市（镇）或农村。

需要指出的是，一般而言，口岸城市的社会风尚对云南内地城市（镇）及农村示范作用的影响，因内地城市（镇）及农村所处的位置不同，与口岸城市之间联系紧密与否，而呈现出以口岸城市为中心，呈"晕轮"效应向四周扩散的特点，离口岸城市越近，与口岸城市联系越紧密，其影响力越强，反之则越弱。当然被影响的人们其物质生活状况仍然起着决定作用。

虽然"西部内陆边地通商口岸的对外贸易和口岸经济一直未有很大起色，对周围地区的社会经济也就难有如东部口岸那般较明显的促进和带动效应"，① 但蒙自、昆明等的开埠通商却在云南封闭的社会体系中戳开了一个窟窿，云南从此被纳入世界资本主义体系，近代云南社会风尚率先在口岸城市的示范和

---

① 戴鞍钢：《近代中国西部内陆边疆通商口岸论析》，《复旦学报》（社会科学版）2005 年第 4 期。

推动下发生不同于近代以前的变化。

五　社会群体的动力作用

近代云南社会风尚由传统到现代的变迁不是一个自发的自然过程，是在一定的社会关系中，依靠一定的群体合力之推动而实现的，而社会各阶层在这一过程中扮演的角色所起的作用势必不同。

鸦片战争后，中国社会结构开始发生变化，近代工业化的发展、资产阶级的生活方式、西方现代思潮等都深刻撞击并动摇着中国传统的社会阶层体系。一方面使传统的主要群体发生了重大转变，由传统走向近代；另一方面也出现了一些新的社会力量，如新知识分子群体等。云南社会群体亦发生了显著的变化。

（一）近代云南社会群体的构成及其变化

现代社会心理学认为，"群体是指通过一定的社会关系结合起来进行共同活动而产生相互作用的集体"。① 近代云南的社会关系因急剧的社会变迁而呈现出多样性，这就使社会群体的分类复杂化。

阶级的划分是社会群体传统的构成形式。其实质是以财产为核心的生产关系将社会划分为不同的群体。分属于不同群体的人们因具有不同的生产生活方式，而形成不同的价值观念、思想意识和行为方式，其对社会风尚总体变迁的作用便明显

---

① 周晓虹：《现代社会心理学：多维视野中的社会行为研究》，上海人民出版社 1997 年版，第 329 页。

不同。

同全国一样，云南的阶级构成在近代出现了一些新的变化。

与传统封建社会相比，近代云南社会阶级结构中最主要的两大阶级，即地主阶级和农民阶级①没有发生大的变化，特别是占人口绝大多数的农民阶级变化最不明显，这也从一个侧面说明了近代云南农村社会风尚变化涉及面有限。但是，其社会性质的改变引起了阶级关系的重大变化，形成了新的阶级，即资产阶级和无产阶级。近代云南社会风尚的主要变化，差不多主要集中在新出现的这两个阶级身上。

资产阶级是近代云南社会中新的社会群体，是伴随外国资本主义侵略而形成的，因此它一开始就分为买办资产阶级、官僚资产阶级和民族资产阶级。这三个集团既存在一致性又具有明显的差异性，对近代新的社会风尚尤其是带有社会革命性质的风尚的态度也有所不同。买办资产阶级因为多生活在口岸发达地区，与"洋人"联系密切，其价值观念、生活方式步步紧跟时代的潮流，且在服装、娱乐等日常生活方面多有崇洋风尚；官僚资产阶级则不免沾染上官僚群体的种种习气；民族资产阶级则因为处在外国资本主义和本国封建势力的双重压迫下，发展甚为困难，相对而言更容易接受带有社会革命性质的风尚。

新出现的无产阶级与农民阶级相比，尽管他们的生活状况好不到哪里去，但是他们是生活在近代化的城市里，居住在新风尚不断冲击的环境中，所以他们受新的社会风尚的影响要远

---

① 尽管在云南宁蒗县境内的小凉山还存在奴隶主和奴隶阶级，但在全省范围内地主和农民阶级依然是主要阶级。

比农民群体大。

另外，地主阶级（也包括土司群体）在近代云南社会风尚变迁中也扮演了重要角色，其主要表现是他们有足够的实力供自己的子女接受新式教育，而接受新式教育恰恰是接受并崇尚新风尚的重要途径。

显然，通过上述以阶级而划分的社会群体①亦能明显看出近代云南社会风尚变迁的主要推动力量，然而对于近代云南新出现的在风尚变迁中具有重要作用的知识分子群体却缺少应有的关注，正如卡尔·曼海姆（Karl Mannheim）②所认为的，仅仅以社会—经济地位来划分阶级的方法永远不能恰当地理解知识分子现象，以及郑也夫所指出的"阶级分析的方法也许能正确地描述这个非依附性社会群体的某些决定因素和组合成分，但绝不可能透彻地分析作为整体的知识分子的本质"。③而若要分析不同社会群体在近代云南社会风尚中的作用则不能不对知识分子——这一启动现代化的动力群体④进行剖析。因此，笔者认为应综合阶级、阶层、政治、职业、教育文化等因素，借鉴并参考费正清在《伟大的中国革命（1800—1985年）》一书中为我们揭示的中国社会分层结构思路，来把握在近代云南社

---

① 因云南的主要阶级构成与全国基本一致，因此以阶级而划分的近代云南社会群体借鉴了孙燕京《晚清社会风尚研究》（中国人民大学出版社 2002 年版）第 177—180 页的相关内容。

② 他提出了关于知识分子的经典理论——"自由漂浮"论，他认为知识分子"可以归附到本不属于他们自己的那些阶级中去"，也"可以持有任何阶级的观念"或"综合所有阶级的观念"。见［德］卡尔·曼海姆《意识形态与乌托邦》，黎鸣、李书崇译，商务印书馆 2000 年版，第 161 页。

③ 参见郑也夫为曼海姆《文化社会学论集》中译本所写的序言，辽宁教育出版社 2003 年版。

④ 参见许纪霖《近代中国变迁中的社会群体》，《社会科学研究》1992 年第 3 期。

会变迁中社会群体的构成及其变化。

费正清对 1895—1911 年的中国社会群体及其变动这样概括："在旧中国的社会结构中，在原有的儒生—农民—手艺人—商人范畴之外，军人有了新的社会地位；军官学校出身的军官，取得了过去只给儒生保留的一些特权。地主士绅和商人之间的界限模糊起来了。现在商人绅士也有了一定的地位，正像官吏和商人的身份笼统地称官商一样。廉价的农村劳动力大量涌入城市，从事纺织和烟草制作，工厂工人阶级开始产生，虽然他们还不可能组成无产阶级。最重要的是，科举考试的废除，新的学校制度、教会学校的出现……总的说来，城市生活正在产生一个新的知识分子阶层，他们再也不和四书五经的考试结合在一起。他们中有些人成了新闻记者，这是一个制造舆论的新专业。"① 近代云南社会群体在晚清的变化也基本如此。

晚清云南群体构成在原有的儒生—农民—手艺人—商人范畴之外，亦出现了新的变化，其主要表现为两方面，一方面是出现了新的社会阶层。1889 年以后，在英、法的压力下，蒙自、思茅、腾越、昆明等相继开放为通商口岸。随着洋货的大量涌入，云南与外国商品贸易迅速发展，需要雇佣中间人，即买办，由此出现了一个特殊的社会阶层。新知识分子群体诞生背景是新学堂的建立，留学生的派遣及其学成归国。这些知识分子因毕业于新式学校或是出洋留过学，受过现代西方文化熏陶，掌握了现代的一些科学知识。与传统儒生（也被称作"士"）相比，新知识分子生活空间多选择在大城市，有更多的独立思考能力，信仰和价值取向多元化，因此是近代云南社会

---

① 费正清：《伟大的中国革命（1800—1985 年）》，刘尊棋译，世界知识出版社 1999 年版，第 178—179 页。

风尚由传统到现代变迁的主要推动力量。

　　另一方面是原有社会阶层显示出新的特质。首先是军人群体由社会边缘向政治中心的位移。对于传统"士、农、工、商"四民社会中的"士","多数近代学者都认为'士'最初是武士,经过春秋、战国时期激烈的社会变动之后方转化为文士"。[1]自武士从"士"中蜕化出来后,军人群体的社会地位便陡然降低,开始脱离"四民"社会的等级划分。及至近代"中西文化的碰撞首先以'兵战'形式拉开帷幕,历史与时代的潮流把军人阶层推到转型社会的风口浪尖,面对近代西方工业文明的冲击,中国社会不能不产生相应的变动,其表现方式乃是一种'离异与回归'似的涵化过程"。[2]事实上,军人群体社会地位的崛起并不完全是"冲击—反应"模式的结果,主要还在于晚清政府在"新政"中改革军制,裁撤旧式绿营、防勇,编练新军,改善军人待遇(云南"新军"即是此时开始形成的),军人群体社会地位显著提高。尤其是1905年,传统四民社会所赖以维系的支柱——科举制被废除,普通人员步入仕途的唯一渠道被切断,取而代之的是从军入伍这一新途径,各阶层都获得从军入伍的机会,社会流动开始趋向于军人群体。因此,"在20世纪,中国军队组织阶梯不仅仅代表职业的地位,而且与尊敬、财产、政治权力相关联。这些事实使军队里的升迁比别的职业具有更大的价值。"[3]民国以后,云南无论是唐继尧时期还是龙云、卢汉时期,都是清一色的军事化政权组织,军人

---

　　① 余英时:《士与中国文化》,上海人民出版社2003年版,第6页。

　　② 章开沅:《离异与回归——传统文化与近代文化关系试析》(前言),湖南出版社1998年版。

　　③ 〔美〕齐锡生:《中国的军阀政治(1916—1928)》,中国人民大学出版社1991年版,第80页。

主政，这既是军人群体崛起的象征，也是社会流动趋向军人群体的典型示范，当然也是民间尚武风尚流行的强大动力。

其次，近代新式商人群体的初步形成。商人群体在传统四民社会中即已存在，但是中国近代新式商人群体的出现却是在晚清。[①] 近代云南新式资本主义的产生是在 19 世纪末至 20 世纪初，近代云南由旧趋新转型变化的历史时期，尤其是商人的思想意识、价值观念、行为方式等的转型变化。外国资本主义的入侵，使自然经济加速解体，大批农民和手工业者破产，为资本主义的产生提供了商品市场和劳动力的来源。云南的近代商业随之出现，开始是由外国洋行的设立而引起传统商人资本的改变，即出现了新的商业行业、新的商业环节和原有商业行业改组的变化，但是近代云南商人却"不是本地区自身经济发展的必然结果，而是由于从事进出口贸易，经销外国货和把云南的多种自然资源和农村产品变为世界市场商品的结果"。[②] 虽然近代商人所依附的经济基础还没有质变为资本主义或者说正在由封建主义经济向资本主义经济缓慢地变化，但在商业资本形态、资本利润来源、经营方式等方面已经不同于传统商人。1906 年云南全省商务总会——联系各业商人的新型社会团体的成立，促使近代云南商人相互之间的联系日趋密切，至此具有现代经营理念的近代云南新式商人群体初步形成。[③]

---

① 朱英认为所谓近代新式商人群体首先必须与新的资本主义生产方式建立直接而紧密的联系。换言之，其所依附的经济基础已不再是封建主义经济，而是资本主义经济。见《近代中国商人与社会》，湖北教育出版社 2001 年版，第 2 页。

② 罗群：《近代云南商人与商人资本》，云南大学出版社 2004 年版，第 69 页。

③ 朱英先生认为："商会的成立完全可以视为近代中国新式商人群体崛起和资产阶级初步形成并发挥突出作用的一个重要界标。"参见朱英《近代中国商人与社会》，湖北教育出版社 2001 年版，第 8 页。

及至民国时期，云南社会群体构成的显著变化是，一个由商人和工业家构成的资产阶级脱颖而出。随着国内外市场的日益扩大，民国时期云南地区的进出口贸易迅速增长，新的商业中心和商品购销网络逐步形成，新兴商业行业不断增加，民国三十三年（1944）仅昆明市就有商号 2412 家。[①] 近代云南新式商业获得较大发展。并且在 20 世纪 30 年代末以后，云南现代交通网络的初步形成，以及战时大量内迁云南的企业使云南工业化也得到突飞猛进的发展，到 1940 年前后，"云南地区不仅原有工业得到进一步发展，工业门类也已基本齐全……其产业资本在较短时期内便达到了上亿的规模。而从企业发展的数量看，包括中央、地方企业在内已有 300 多家，比战前增长了 10 倍左右"。[②] 近代云南工商业的迅速发展造就了一批具有市场竞争意识和世界眼光的现代工业家和商人，他们构成主导云南经济的资产阶级，亦是推动云南社会从传统到近代变革的主要力量。

近代云南急遽的社会变革，不仅使原有的社会群体发生改变，而且伴随新经济、文化等因素的出现，又形成了新的社会阶层，社会结构的错动使社会群体新中有旧、旧中有新，新旧杂糅，错综复杂。

（二）推动近代云南社会风尚变迁的几个典型群体

鉴于近代云南社会群体错综复杂并不断变化，且呈现出多样化状态，本研究只选取在近代云南社会风尚变迁中作用明显

---

① 民国云南通志馆编：《续云南通志长编》下册，第 543—545 页。
② 陈征平：《云南早期工业化进程研究：1840—1949 年》，民族出版社 2002 年版，第 140 页。

的三个比较典型且为人们所习惯论述的群体进行讨论。①

1. 官吏群体

中国历史时期，相对于社会其他群体，官吏群体在社会中始终处于支配地位，起着主导作用，对近代云南社会风尚变迁的推动作用也十分抢眼和突出。

官吏群体的奢侈腐化生活风气，对近代云南社会风尚由淳朴而奢华之变迁影响显著。

近代云南官吏群体利用政治特权攫取了大量财富，使其奢华具有了物质基础。据江应樑记述："边区的土司，都莫不富甲一方……于是，他们的生活享受便也不同于一般人民。大体说来，腾龙沿边的土司，远较思普沿边为富有，生活的享受也较高，物质生活多已趋于现代化，如住宅官署，芒市、遮放、南甸、陇川、干崖诸土司衙门，均一律仿照汉地官署建置，粉墙灰瓦，有东西辕门，有大照壁，有八字粉墙的大门，有大堂、二堂、内署、花厅、戏台，好一似前清时代的督抚衙门；有的土司不住在司署内，另有私人住宅，却是花园洋房，现代陈设；衣饰或长袍大褂，或西装革履，吃的有牛奶饼干，洋酒洋糖，有几个土司有自备的小汽车，能自己驾驶，在土司屋里可以见到收音机、留声机、照相机、钢琴、提琴、胡琴、猎枪、手机等一切现代文明的产物。"② "土司骄奢之习，已成第二之天性。"③ 即便是物质紧缺的抗日战争时期，官吏群体的奢侈之风仍然不减。据陈嘉庚回忆：余告杨君云："运输安能有成绩。以下关站之重要，而委此腐败主任。昨晚余辞医士设

① 本部分在对三个典型群体的论述中的某些提法和观点借鉴了孙燕京《晚清社会风尚研究》（中国人民大学出版社 2002 年版）第 188—207 页的一些研究成果。
② 江应樑：《摆夷的生活文化》，中华出版社 1950 年版，第 117 页。
③ 《云南土司一览》，《东方杂志》第九卷第九号。

宴，彼已闻知，早间又吩咐简便午饭，彼乃复设三酒席，骗余
为大理绅商所备。已食两点钟久，尚再购来两瓶酒，再迟一点
钟或未毕席。余原按午饭后，往市店参观各贩卖店之石器，兹
为赴筵所误不得往观。昨晚与交通部长订约午后参观其工厂，
西南运输工厂亦须往观，现虽赶往，恐到时多亦停工，晚后各
机工又将开会，岂不迫促乎。西南运输委此腐败之人，有意如
此开消，彼必呈报昆明机关，欢迎某某费去至少千元，其实为
他舞弊，且误余工作。回到昆明可向龙君言之。"杨君云："均
是一丘之貉，如昆明机工互助社，专为华侨而设，理应任华侨
司机妥人为主任，他则不然，委用其私人月薪至三百余元，社
内职员三十余人，每月费款八千余元，无裨华侨司机实益，其
腐败如是，所云欲继设分社，不外增委私人已耳"。"越日龙主
席招宴，何张二君均到，同席百余人，龙主席左右为余及何部
长。……是宴酒菜均特殊，菜中有象鼻一味，为生平未
尝食。"①

　　奢华风气的盛行使腐败风气更加猖獗。近代云南官吏群体
中贪污、受贿、舞弊等各种腐败风气的盛行，除了受封建积弊
影响所致外，另一个重要原因是奢华风气的推动，因为奢华需
要有经济做支撑。龙云统治集团中的陆崇仁不仅利用职权，竭
力扩张官营企业，还贪得无厌地搞化公为私，大做鸦片生意，
进行商业金融投机等活动，聚敛了巨额财富，形成了一个大贪
污集团。他在昆明翠湖和太和街建有规模不小的公馆，在护国
路、金碧路、圆通街盖有洋房，在西山高峣、安宁温泉、一平
浪等地均有华丽的别墅。以致1946年云南省旅外同乡清查陆
子安（崇仁）贪污委员会在致省政府函中说："陆氏在政十余

① 陈嘉庚：《南侨回忆录》，1946年南洋印刷社初版，第196—197、201页。

年，积财倾主，权重西南，毒害人民，罄竹难书。"① 另一贪污集团的头目李培炎（与李培天是兄弟，同属一贪污集团），于1932 年 8 月，击败陆崇仁，出任富滇新银行行长，授权管理全省金融。他利用富滇新银行的金融势力，随波逐流，"专以投机倒把，买空卖空，牟取暴利为能事"。② 针对陆崇仁、李培天两大贪污集团的行为，当时有人在西山高峣门庭相望的陆崇仁、李培天别墅门上各贴了一副对联"不培天良，卖官鬻爵颜胡厚（李培天，字子厚）；罔崇仁政，横征暴敛心何安？（陆崇仁，字子安）"，李家门头横批"斯为厚矣"，陆家门头横批"于汝安乎"。③ 这从侧面反映了他们的贪污腐败行为之猖狂，也是云南官吏群体腐化的一个典型写照。

孙燕京指出"人类社会还有这样一种生活规律，即人们的价值取向、生活观念、审美标准总是向社会上层不断趋近"，④ 因此在云南官吏群体中流行的风尚会不断地影响着下层百姓，造成全社会的奢靡、享乐之风。最先受到影响的是有一定经济基础的群体，原因是"奢侈和财富的不均永远是成正比例的。如果全国的财富都分配得很平均的话，便没有奢侈了；因为奢侈只是从他人的劳动中获取安乐而已"。⑤ 如喜洲商人严子珍"赚了钱后，燕窝、银耳、鹿茸、洋参是经常吃的……一九一〇年这一年，统计表上表现了他用亏了五百四十两银子，原因

---

① 转引自李珪《云南地方官僚资本简史》，云南民族出版社 1991 年版，第 38页。

② 李珪主编：《云南近代经济史》，云南民族出版社 1995 年版，第 395 页。

③ 参见谢本书《龙云传》，四川民族出版社 1999 年版，第 111 页。

④ 孙燕京：《晚清社会风尚研究》，中国人民大学出版社 2002 年版，第 264页。

⑤ ［法］孟德斯鸠：《论法的精神》（上册），商务印书馆 1961 年版，第 96页。

就是建盖第一所'三房一照壁'的新住宅，到一九一八年又建盖第二所'一进三院'的'四合五天井'住宅"。[①] 当然并不是说近代云南的奢靡、享乐之风全是受官吏群体影响所致，但其影响却不能低估。

官吏群体中奢侈风气对近代云南风尚由俭到奢之变化的影响是明显的。但也不可否认，该群体为了挽救及维护自身统治而不得不进行的适应时代发展要求的改革举措，客观上也有力地推动了云南社会风尚的近代转变。

首先是学习西方文明。统治阶级中一部分有识之士面对数千年未有之大变局，开始以清醒、务实的态度看待中国，看待世界。鸦片战争后林则徐、魏源的"睁眼看世界"，洋务派主张学习西方技艺、进行"中体西用"的改革，资产阶级学习西方政治制度并用民主科学改造中国的种种努力等等，促使着云南统治阶级中一部分也开始了学西学，并日渐成为一种风尚。首先是云南统治阶级追随晚清新政和预备立宪活动中兴办新式学堂的风气，开办了大量的新式学堂，据学部 1909 年的统计，云南省有新式学堂 1944 所，学生 57808 人。[②] 在此过程中，又响应中央政府倡导向国外派遣留学生以学习西方的科学技术。1902 年首次向日本派遣 10 名留学生，之后云南每年都组织考选派遣留学生的工作，至民国时期云南统治集团中一些成员依然十分重视学西学。典型的表现如唐继尧在执政期间，鼓励云南优秀学生出国留学。1914 年至 1915 年云南以官费半官费派出的留学生人数，超过了以往派遣留学生人数的总和。留学生

①　杨克诚：《永昌祥简史》，《云南文史资料选辑》第九辑，1989 年版，第 57 页。

②　《宣统元年份教育统计图表》，转引自桑兵《晚清学堂学生与社会变迁》，广西师范大学出版社 2007 年版，第 140 页。

不仅学到了西方的先进科学技术，而且对西方的政治、经济、文化都有了全面而准确的认识，许多留学生又把这些科学知识和思想观念带到了云南，使云南的人们特别是云南的其他知识分子能够从不同的视角审视西方，反省自己，对西方的政治经济制度和生活方式进行研究借鉴，表现最突出的就是在生活方式上，火车、电灯、电话、电报、自来水（1915 年，在唐继尧支持下，在翠湖建起了自来水厂）、无线电（1925 年 2 月，唐继尧在云南建立第一个无线电台）、电影（唐继尧成立了昆明市第一家无声电影院，还拍摄过一部反映护国运动的故事片《再造共和》）[1] 等云南人原来从未接触过的先进东西，逐渐走进了人们的生活中，使人们改变了落后的生活习惯，融入现代化的潮流中。再如龙云向国民政府推举熊庆来博士为云南大学（前身为私立东路大学）校长，并聘请了许多留法、美等国的学者专家来该校执教，而且重用留美归国并掌握西方现代知识，被称为"云南地方现代派人士"[2] 的缪云台（嘉铭）治理经济。典型的还有民国三十年（1941）五月六日，省府第七六〇次会议议决："为培植本省专门人材起见，决定最近期内一次筹送留美学生四十名，迎考者以高中毕业生以上，年在二十五岁以下者为合格，一切详细办法，交由教育厅拟呈核定，并成立云南选送留美学生委员会，以缪嘉铭为主任委员，龚自知、陆崇仁、张邦翰、丁兆冠、李培天、袁丕佑等位委员，开始筹办。三十一年招生，三十一年一月八日在昆明商科，定名为云南省选送留美公费生预备班，受训期限为一年……至三十

---

① 参见吕志毅《唐继尧的治滇"善政"》，《云南档案》2008 年第 4 期。
② 霍尔：《云南的地方派别》，《研究集刊》1984 年第 1 期，第 528 页。

四年五月，始由金龙章率领出国，九月抵美。"① 这些都极好地
体现了云南官吏群体崇尚西学尊重科技的风尚。正是在官吏群
体崇尚西方文明风尚的影响下，留学回国学生基本都得到政府
重用，对云南的近代化起到了不可估量的作用，当然也大大推
动了云南社会风尚由传统向现代的转变。

其次是经商逐利。近代中国崇商重商思潮及商人地位的提
高使得在云南官吏群体中也开始流行经商逐利的风尚，以致在
20 世纪 40 年代时人疾呼："我们现在的风气如何，几乎'无官
不商'，'无商不奸'，一切人都不安本分。"② 官吏经商在近代
以前并不罕见，因为他们可以凭借手中的权力，迅速发家，积
累起大量的财富，正所谓"官之贾，本多而废居易，以其奇
策，绝流而渔，其利尝获数倍。民之贾虽勤苦而不能与争"。③
近代官商是伴随着近代工业企业出现而产生的。在云南，缪嘉
铭、陆崇仁是十分典型的例子。缪嘉铭号称龙云的"洋管家"，
曾担任省政府委员、省农矿厅长、省经济委员会主任委员等职
务，曾出任全省最大的官商合办公司个旧锡务公司总理。20
世纪 80 年代末期，《人民日报》给予其高度评价："1935 年
起，缪云台先生先后在云南建立了四十多个中小型企业，他运
用资本主义的先进经验，引进先进技术，起用专业人才，因地
制宜，就地取材，发展地方实业，使云南由历史上一贯入超的
省份变为出超。"④ 云南官商的大量出现是近代中国风气使然，
反过来它又推动了近代云南经商逐利之风的盛行。

---

① 民国云南通志馆编：《续云南通志长编》中册，第 822 页。
② 姜亮夫：《风气与建设》，《云南周报》1943 年 2 月 17 日第 1 版。
③ 《广南新语》卷九，转引自马敏《官商之间——社会巨变中的近代绅商》，
天津人民出版社 1995 年版，第 136 页。
④ 《缪云台先生生平》，《昆明文史资料选辑》第十二辑，第 3 页。

总之，官吏群体在近代云南社会风尚变迁中既有败坏社会风气，又有刺激近代新风尚形成和发展的动力作用。

2. 新知识分子群体

知识分子一词大约是 1919 年上半年转道日本传入中国的，起初被译作"知识阶级"（或"智识阶级"），"五四"学生运动以后，开始比较广泛地为社会所接受和使用，用以指涉由新式教育所催生的社会群体。① 而《辞海》（1979 年版缩印本）对"知识分子"一词定义为："有一定文化科学知识的脑力劳动者，如科技工作者、文艺工作者、教师、医生等……知识分子不是一个独立阶级，而是分属和依附于不同的阶级。"

为避免理解上的分歧，更为服务于本书行文之需要，故采用"新知识分子"的提法，以凸显知识分子在知识结构、思想观念、价值取向等方面与旧式士绅阶层的不同，从而揭示该群体因具有"求变、趋新"的趋势而在近代云南社会风尚变迁中的明显作用。

本书的新知识分子群体是指受过新式中等（中学）以上教育，拥有新知识、新思想、新观念的社会群体，主要由海外留学生和国内新式学堂培养出来的学生构成。

同全国一样，云南新知识分子群体是在 20 世纪初年形成的。清末教育改革是近代云南新知识分子产生的直接动因。1903 年清政府颁布实施"奏定学堂章程"，即癸卯学制，并在全国推行。1905 年 9 月，延续了 1500 年的科举制被废除。同时，清政府大力兴办新学，通令各省书院一律改为大学堂，各

---

① 如 1919 年 2 月，李大钊在《晨报》发表《青年与乡村》，便多次使用"知识阶级"一词。周作人在 1919 年 3 月翻译的一篇英文《俄国革命之哲学的基础》，也出现了"智识阶级"一词。参见杨小辉《从士绅到知识分子——中国知识阶层转型研究》，上海大学博士学位论文，2007 年，第 4 页。

府及直隶州书院改为中学堂，各州县学改为小学堂，并多设蒙养学堂。尽管云南在"设学之初，大都因陋就简。各级学堂多系就原有之书院、义塾改设，校舍、校具、图书、仪器等，均缺焉不备，学科课程亦无一定。各项教师皆科举中人，其经史稍有根底及兼略读翻译西书者，即称为中西兼通、不可多得之人物。名虽学校，实则义塾、书院而已。自光绪三十二年，聘日人江部、池田、河合、岛田、加古诸氏充高等学堂及法政学堂教习，始有科学教育。同时滇人之留学日本及本国北京大学肄习师范者相继归来，渐图改良。迄于清末，始粗具规模焉"，[①] 但毕竟迈出了改革的步伐，且发展迅速。至 1909 年就有新式学堂 1944 所，学生 57808 人。新学制的推行，新学堂的设立，培育了一个新兴的社会群体——学生。新式学堂的学生不同于以往的儒生，因为他们所接受的知识已经是全新的科学知识。如《奏定中学堂章程》总共开设了 12 个科目："一、修身，二、读经讲经，三、中国文学，四、外国语（东语、英语或德语、法语、俄语），五、历史，六、地理，七、算学，八、博物，九、物理及化学，十、法制及理财，十一、图画，十二、体操。"《奏定大学堂章程》具体课程设置，以机器工学门科目为例，主要有：算学；力学；应用力学；热机关；机器学；水力学；水力机；机器制造学；应用力学、制图及演习；计画、制图及实验；蒸汽及热力学；机器几何学及机器力学；船用机关；纺织；机关车；实事演习；电气工学大意；电器工学实验；冶金制器学；火器及火药；房屋构造；工艺理财学。[②]

---

① 周钟岳著，李春龙、王珏点校：《新纂云南通志　六》，云南人民出版社 2007 年版，第 605 页。

② 璩鑫圭、唐良炎编：《中国近代教育史资料汇编·学制演变》，上海教育出版社 2006 年重印本，第 327、379—380 页。

显然新式教育中的很多知识是传统教育中所根本没有的，这样的教育所培养出的学生群体，使近代云南社会变动的速度、广度和深度，空前的加快、拓展和深化了，诚如许纪霖先生所言："知识阶层在长达一个半世纪的岁月中独撑孤舟，不知疲倦地鼓吹和倡导社会变革，成为现代化的主要推进者。"① 近代云南社会风尚趋新的潮流就主要是他们参与并推动的。

另外，近代云南的留学教育是新知识分子产生的又一重要源泉。云南官派海外留学生从 1902 年开始，清代全省共 258 人到国外留学，② 民国元年（1911）至民国二十七年（1938）云南的国外留学生为 313 人。③ 留学海外，不但使留学生接受了新知识、新观念，还因受现代西方生活方式的熏陶而使其成为云南首先引领崇洋风尚者。

由上不难看出，在近代云南社会中接受新式教育的学生足以形成一个新兴的社会群体。他们在近代云南社会风尚"趋新"变迁中起到举足轻重的作用。一方面因为这一群体在近代民主和科学等近代文明的熏染下，本能地对云南乃至中国不适应时代发展要求的旧风尚产生一种不满甚至是对立的情绪，而对于外部世界则充满好奇，甚至一部分人开始接受代表社会发展方向的新风尚，这些足以让他们的思想和行为站在时代的前沿，从而对社会其他群体产生一种强有力的影响及示范作用。如留日回国的唐继尧，利用其在云南的政治地位率领滇军发起讨袁的护国运动，在近代中国民主革命历史的画卷上留下了浓墨重彩的一笔，为云南早期现代化进行了政治革命，宣传了民

---

① 许纪霖：《近代中国变迁中的社会群体》，《社会科学研究》1992 年第 3 期。

② 《云南省志》卷六十·教育志，云南人民出版社 1995 年版，第 14 页。

③ 民国云南通志馆编：《续云南通志长编》中册，第 840—842 页。

主共和思想，改进了云南民主政治建设。当然如唐继尧能做出极大贡献的只是少数，但他们却是新风尚的倡导者和传播者。在新式学堂接受教育的学生，还常常把新的思想观念带回自己的家乡，一定程度上有利于推动家乡的风气发生变化。如云南省武定县万德慕连土司之子那维新曾在天津南开中学读书，高中毕业后返乡，反对接任土司，常劝其母授田于民。他曾在土署大堂柱上题了一副对联："这土司不过草莽之臣，享祖先现成福耳；真丈夫当存鹏鹄之志，为人民谋幸福也！"后来那维新又进云南陆军讲武堂学习，1928 年任金沙江江防司令，曾在江边提出"打倒土豪劣绅"等口号。① 正是这些青年学子把在家乡之外看到、听到、学到的新知带回家乡，才带动家乡社会风气的变化。

另一方面，知识分子作为"自由漂浮"阶层的特性也使其更容易影响其他社会阶层社会风尚的变迁。因为知识分子几乎包罗了社会生活中的所有利益，"随着知识分子的个人集团从中吸收成员的阶级和阶层数量和种类不断增长，在知识界发挥作用的诸倾向中便出现了更大的多样性和更大的差别。于是个体知识分子或多或少参加到具有相互冲突倾向的大众之中"。② 换句话说，知识分子不是一个完全独立的群体，一部分当官，成为权力阶级；一部分从商，变成近代云南经济发展的生力军；或者成为其他社会群体的一员。因此，这些知识分子就可能利用其所学新知识、新思想影响他们归属的群体成员，从而推动云南社会风尚的"趋新"。如前文提到的缪云台，是民国

---

① 楚雄彝族自治州地方志办公室：《楚雄人物》，云南大学出版社 1991 年版，第 83 页。

② ［德］卡尔·曼海姆：《意识形态与乌托邦》，黎鸣、李书崇译，商务印书馆 2000 年版，第 160 页。

初年云南省政府公费选派国外留学最早的学生之一，在美国先后就读于堪萨斯州西南大学、伊利诺伊大学，1919 年毕业于明尼苏达大学矿冶系，主修矿藏分布学科，获矿业工程师头衔，回国后辅佐龙云，成为政府的一员。他运用资本主义的先进经验，引进先进技术，起用专业人才，因地制宜，发展云南经济，是云南自上而下的云南早期工业化的开拓者，[①] 他的思想有力地影响着云南的官吏群体。

需要说明的是，新知识分子群体在推动近代云南社会风尚趋新的过程中，并不是一帆风顺的。正如桑兵所言："近代中国学生在心理生理和性格素质上都处于角色矛盾中，既要继承传统，又要创新变革，社会交替提出两种截然相反的要求，使之无所适从。学生是为了创造未来而生，但是，当他们投身社会去施展一腔抱负时，却遇到重重阻力。各种既得利益集团对于来自学生的冲击顽固地抵拒排斥，被吸收的学生则遇到同化的逆流，复归式的再社会化迫使他们从自我引导的新路退回传统引导的旧轨。"[②] 在新风尚的提倡和身体力行方面，新知识分子群体的处境也是如此。于是乎，他们便立足于传统中学之上，开始积极地却是有选择地接受西学，形成了许多中西合璧的社会风尚。比如婚礼仪式方面，在宣统三年（1911）二月五日的《云南日报》上报道：吾滇婚礼最繁，自去年绅界有倡文明之法，删繁就简。嗣后军学两界，仿行不少。之后供职于提学司的由云龙，在所著《风气说》文中提到，苏涤新、庚恩旸和钱氏姊妹结婚，他参加婚礼。其他来宾要他致答词、"述礼

---

① 陈征平：《云南早期工业化进程研究：1840—1949 年》，民族出版社 2002 年版，第 258—293 页。

② 桑兵：《晚清学堂学生与社会变迁》，广西师范大学出版社 2007 年版，第 164 页。

义"。他讲话中有如下几句：滇中之以新式结婚，自诸君始。
殆参酌中外之仪文，折中古今之典礼而行者也。[1]

3. 商人群体

鸦片战争之后，以坚船利炮为后盾的商品输入逐步冲击和
瓦解中国传统的重农抑商观念，19 世纪 70 年代重商主义思潮
在中国大地油然勃兴，这不仅仅意味着社会价值观和文化结构
的变动，而且也导致了传统社会结构的错动。受重商思潮影
响，清政府不得不对传统重农抑商政策反思，进而颁布了带有
明显奖商恤商倾向的经济法令和政策，如于 1903 年 8 月正式
谕令设立商部，"以为振兴商务之地"。[2] 1904 年 1 月《商律》
中《公司律》先行制定出来并由清廷颁布施行，列于《公司
律》卷首的《商人条例》九条，首次具体规定了商人的法律身
份及经商权利。从 1903 年起，整个"新政"期间，清政府颁
布了《奖励华商公司章程》、《奖励实业章程》等诸多奖商章
程，更是无形中提升了商人的社会地位，从而大大加速了这一
社会错动。其结果是屈居"四民"之末的商人，不再备受贬
抑，甚至在一些领风气之先的士人眼中，开始从"四民"之末
逐渐被推到"四民"之首的尊崇地位，其社会评价值有凌驾于
士之上的趋势。如薛福成就提出："握四民之纲者，商也。"[3]
郑观应也认为："商以贸迁有无，平物价，济急需，有益于民，
有利于国，与士、农、工无为表里。士无商则格致之学不宏，

---

① 参见黄石《民国时期昆明婚丧习俗的衍变》，《云南文史资料集萃（十）》，
云南人民出版社 2004 年版，第 665 页。

② 《清德宗实录》卷五〇六，第 5 页。转引自马敏《商人精神的嬗变：近代
中国商人观念研究》，华中师范大学出版社 2001 年版，第 90 页。

③ 《庸庵海外文编》卷三。转引自马敏《商人精神的嬗变：近代中国商人观
念研究》，华中师范大学出版社 2001 年版，第 83 页。

农无商则种植之类不广，工无商则制造之物不能销。是商贾具生财之大道，而握四民之纲领也。"① 1905 年抵制美货运动中，人们宣称："天下虽分四民，而士商农工具为国民之一分子……而实行之力，则惟商界是赖。"② 总之，商人的主体地位正在近代社会确立，这已是不争的事实。

在近代云南社会风尚变迁中，因近代以来商人地位明显提高及商品经济迅速发展而崛起的最具经济实力的商人群体起着十分重要的推动作用。

首先，因其示范效应而在推动崇商逐利观念的流行和商品意识的强化方面，作用最为突出。毫无疑问，重商主义思潮和政府的惠商经济政策确实有利于推动社会崇商观念的流行，但这对于普通民众特别是生活在广大农村的农民而言，因其生活方式的封闭及文化的落后而影响甚微。而各大商人从贫至富，由富至贵的示范效应却更能改变普通民众的传统观念，使崇商重商观念深入他们的生活。如在商业比较发达的滇西大理喜洲，永昌祥创始人严子珍的个人经商经历被编成"绕三灵""路过喜洲街"时的唱词，作为勤苦致富的榜样而加以广泛传唱。③ 正是在这样的耳濡目染中，喜洲的社会子弟"自小学毕业后，有力、有人手者，供给升入中学；无力、无人手者，即从实业想办法，请亲友介绍到商号操习商业"。④ 甚至于喜洲人以商为贵、以富为贵的思想观念，成为当时进行社会价值评判

---

① 《郑观应集》上册，《商务二》，第 607 页。
② 汪敬虞编：《中国近代工业史资料》第 2 辑，下册，中华书局 1962 年版，第 732 页。
③ 杨宪典等调查整理：《大理白族节日盛会调查》，《白族社会历史调查》（三），云南人民出版社 1991 年版，第 156 页。
④ 杨宪典等调查整理：《大理白族"喜洲商帮"发展情况调查》，《白族社会历史调查》（四），云南人民出版社 1991 年版，第 300 页。

的主要衡量标准。喜洲人对曾经是"四民"之首的教师先生"几乎是不加掩饰的蔑视。只要这些先生们的收入高于一般的经商买卖人，那么他们在普通人面前依然保持着传统的尊严。一旦他们的经济地位下降，他们的社会地位也就随之降低了"。①

在商人的影响带动下，一些边远的地方民众也初步具有商品意识。如怒江贡山一带的怒族居民在与外来商人的以物易物或货币交易中，逐渐具有了初步的商品意识，这种初步的商品意识"虽未能使怒民的商人从农业中脱胎出来，但它毕竟在怒民中产生出了一些季节性的商人"。② 又如据 20 世纪 50 年代初的民族调查，在丽江、鹤庆、大理等地商人大量进入贡山以前，"当地少数民族很少做生意，最多背点粮食到德钦或查瓦龙换盐回来自己吃，不过近来渐渐学会到俅江一带买药材出来卖了"。③ 20 世纪三四十年代后，伴随丽江、大理、鹤庆、维西等地商人进入独龙族聚居区，独龙族内部开始出现了一些以充当"外族商人的向导和商品交换中的助手的'准商人'。他们在农闲季节，用本地的黄连、贝母和独龙毯等土特产，向外族商人换取食盐，然后在本民族内部进行贱买贵卖，获取一些利润，或者充当中介人"。④

其次，有力转变了近代云南社会消费观念。开埠通商以

①　[美]许烺光：《在祖先的庇荫下》，王芃译，《大理文化》1990 年第 5 期。转引自周智生《商人与近代中国西南边疆社会：以滇西北为中心》，中国社会科学出版社 2006 年版，第 167 页。

②　陶天麟：《怒族文化史》，云南民族出版社 1997 年版，第 98 页。

③　《贡山县经济生活调查》，《中央访问团第二分团云南民族情况汇集》（上），云南民族出版社 1986 年版，第 60 页。转引自周智生《商人与近代中国西南边疆社会：以滇西北为中心》，中国社会科学出版社 2006 年版，第 170 页。

④　张桥贵：《独龙族文化史》，云南民族出版社 2000 年版，第 53 页。

前，云南由于偏处西南一隅，资本主义外来影响较弱，内部经济亦发展缓慢，社会风尚多为淳厚，而蒙自等开关通商后，大量洋货涌入丰富了云南人的生活用品，同时商业经济的发展也刺激了人们的消费欲望，俭朴的传统消费观念也逐渐受到"奢华"之风的冲击和挑战。云南尤其是城镇或商业发达地区，如大理"数十年间，衣饰沾染奢靡，宴会争尚，丰腆有止极矣……生计艰难，复竞尚浮靡，贫贱人家宴客服装强为美丽"。[①] 这一消费观念的转变，既是社会物质产品丰富后民众追求更好生活条件的一个表现，同时也与占有社会大量物质财富，竞相奢华的商人群体引导消费潮流，民众争相仿效有密切关系。

一方面，商人们旗帜鲜明地提出与传统俭朴观念相背离的消费观念。如鹤庆商人舒金和就曾有一句"名言"："财者，天下之公物也，能用乃为己财，积而不能散，与无财等。"[②] 近代丽江商人中也普遍流传着"儿孙不如我，有钱做什么；儿孙胜过我，有钱做什么"、"当世找钱当世用"等鼓励以消费散钱财的消费观念。[③] 另一方面，他们还身体力行，倡引着奢华之风。在大理喜洲"凡是经商发展的，第一件事是起房盖屋，建造祖坟；其次是婚丧嫁娶，大摆排场，极尽阔绰的能事，认为这样就可以荣宗耀祖，广大门楣"。[④] 据解放后调查资料，仅严子珍

① 张培爵等修，周宗麟等纂：(民国)《大理县志稿》卷六·社交部，民国五年（1917）铅印本。

② 周钟岳著，张秀芬等点校：《新纂云南通志 九》，云南人民出版社2007年版，第349页。

③ 周智生：《商人与近代中国西南边疆社会：以滇西北为中心》，中国社会科学出版社2006年版，第173页。

④ 杨卓然：《"喜洲帮"的形成和发展》，《云南文史资料选辑》第十六辑，1982年版，第264页。

的儿子严宝成家里"印度孔雀毯、鲜花毯有两百多床，每床平均价值200—300元半开，还有英国的鸳鸯毯、金沙毯又各百余床，每床价值百元半开，家有一两百口衣料箱子，每年都得请几个人翻晒几天才能晒完。家里的用具更多，仅景德镇名瓷酒杯、饭碗等，就有五六十桌。严子珍每年做生意，一请客就是百余桌，若逢大寿，还开流水席数天，唱戏半月"。① 丽江帮商人李达三本人口述，一生中共吃鹿茸30架，人参数百两，拥有名贵裘皮袍10余件（每个价值滇洋百元）。②

需要强调的一点是，商人群体从俭朴向奢华消费观念的转变，尽管已成为一种风气，但奢华的前提必须以物质为基础，由于近代云南城乡发展的不平衡，因此其消费观念的变化一定程度上只能是影响有一定经济条件的人们。

再次，引领着近代云南趋新风尚。近代云南商人群体中，引领趋新风尚作用明显的当属买办商人和绅商。③ 随着云南开埠通商，进出口贸易的日益发展，设立的洋行亦不断增加，买办商人的人数也越来越多。买办商人中流行的风气基本是西方资产阶级的，崇洋的风尚在他们中间也比较突出，如住洋房、吃西餐、穿西服等。尽管他们和近代云南民众的生活基本隔绝，其生活风尚对其他社会群体影响甚小，但正是这些商人在推销洋货中的广事宣传和自身示范，逐步改变着民众消费洋货的观念，从而推动着崇洋风气的传播。

---

① 梁冠凡等调查整理：《下关工商业调查报告》，见"民族问题五种丛书"，云南省编委会：《白族社会历史调查》，云南人民出版社1983年版，第158—159页。

② 杨毓才：《云南各民族经济发展史》，云南民族出版社1989年版，第477页。

③ 参见孙燕京《晚清社会风尚研究》，中国人民大学出版社2002年版，第206页。

如孙燕京所言："绅商的趋新有一种与时俱进的意义。"① 在推动近代云南社会风尚趋新的过程中，云南绅商作用明显：他们用科学知识和现代化的管理经营近代化资本主义工商业，他们主张科技兴滇，他们极力主张政府改革，引进和学习西方资本主义的一些管理制度等等。总之，近代云南社会风尚的趋新与他们有着非常密切的关系。

当然，商人群体的趋新与知识分子的趋新并不完全一样。② 因为知识分子是"受西学影响最深，对现实感觉最敏锐的群体，也最富于浪漫主义气质和乌托邦理想，因而他们总是天然地倾向于社会变革而且扮演最为激进的角色"。③ 他们是最为纯粹的。而商人群体，由于受利润的诱惑，经济收益是其主要追求目标，他们欢迎、赞同甚至推进有秩序的变革，但拒斥剧烈的社会革命。他们与保守的士绅和官僚阶层有着若即若离的微妙关系。因此，某种意义上而言商人群体的趋新是在维护经济收益基础上有所保留的趋新，整体上不可能达到知识分子群体的高度。

（三）社会群体在相互影响中的共同作用

由于风尚本身具有强烈传染性，所以各个群体是在相互影响中共同推动近代云南风尚变迁的。

---

① 参见孙燕京《晚清社会风尚研究》，中国人民大学出版社 2002 年版，第 206 页。

② 孙燕京认为，知识分子因具有忧国忧民的优良传统而执著地寻找救中国之路，而商人的趋新不可能整体上达到这一高度，本书赞同其结论（参见孙燕京《晚清社会风尚研究》，中国人民大学出版社 2002 年版，第 207 页），但并不认同其所分析原因，因为其忽视了经济利益——这一商人孜孜以求的根本。

③ 许纪霖：《近代中国变迁中的社会群体》，《社会科学研究》1992 年第 3 期。

社会群体之间风尚的相互影响主要是通过群体之间人员的流动而进行的，流动的人员把原属群体的风尚传递过来，影响或部分影响其后属群体的风尚变化。近代云南社会群体之间人员流动的主要方式[①]有四种。

一是社会各群体成员最普遍的流动形式是接受教育，改变身份，从原来的群体出来加入另一个群体。尤其是学堂的普遍兴办，使流动所受的限制越来越少，接受教育特别是新式教育的机会越来越多，社会流动的几率也越来越大，如前文提到的云南省武定县万德慕连土司之子那维新，经过新式学堂的熏陶，把新知识分子群体的思想观念和风气传递到乡间，成为新知识分子群体风尚影响乡间民众的桥梁。

二是因归属群体的变动而导致的流动。由于近代云南处于变动激烈的转型时期，近代工商业的迅速发展使社会各群体之间的流动经常而普遍，致使一些人员不能归属于相对固定的群体。比如在城市周边的一些半工半农群体，他们在农闲时进城务工属于城市平民的一员，在农忙时回乡务农则是农民群体的一员，于是出现市民群体中夹杂农民群体风尚，而农民群体中也有市民群体的风尚，造成另外一种形式的相互作用。

三是群体地位的变动，典型的是前近代社会一个边缘群体——军人群体融入主流社会。在近代中国民族危机不断加深的背景下，社会上尚武的风尚使军人群体的权威和声望不断提高，尤其是晚清科举制度的废除使人们的社会晋升失去了合法途径，而军人出任各级文职官员的道路成为现实。军人的社会

---

① 参见孙燕京《晚清社会风尚研究》，中国人民大学出版社 2002 年版，第225、269—270 页。

威望和吸引力更是大为增加。辛亥革命之后，军人成为社会举足轻重的决定性政治力量，并第一次在政治系统中压倒了文官。唐继尧、龙云、卢汉时期的云南均是军人当政。军人地位的提高使大批农民子弟和青年学生踊跃当兵，同时战争也促使大量农民应征入伍，成为军人群体的一员。仅在 1936 年，滇军编成的"六个步兵旅（每旅各辖两个步兵团）、两个直属大队、六个直属团、四个独立营、一个航空处，约 3.6 万人。此外，各县常备队统编为 21 个保安营，又有近万人"。① 这种流动势必会影响并推动这些群体的风尚变化。

四是因战争的灾难而导致的人员流动。以抗日战争为例，抗战开始后，"云南变成了抗战的大后方，平、津、宁、沪的许多高等学校和沿海各地的工商企业纷纷迁往昆明，几十万沦陷区的同胞逃到云南来"。② 人口的涌入大大增强了不同地域不同阶层人群的交往，外来群体风尚感染并推动着云南当地社会风尚变迁。同时，抗日战争也使云南各界群众以爱国主义为纽带紧密联系在一起，组成各种爱国组织，形成一些群体，推动着该时期云南社会风尚的进一步转向。

通常而言，社会群体之间风尚的相互影响往往通过提倡、效仿、从众等形式完成的，在一些特定的时候可能依靠政治权威完成，如辛亥革命时期的剪辫放足等，而更多的时候则是以政治权威和民众力量相结合而表现出来，即社会上层群体与其他社会群体的相互作用。以民国时期云南反对缠足为例，首先是民国政府成立后积极倡导废除缠足恶习，南京临时政府内务

---

① 谢本书：《龙云传》，四川民族出版社 1999 年版，第 102—103 页。
② 孔庆福：《滇越铁路在抗战中》，《抗战时期西南的交通》，云南人民出版社 1992 年版，第 384 页。

部通令各省，要求严禁缠足，云南政府亦多次颁布了行政命令禁止缠足，如民政厅于民国二十八年（1939）六月十七日以训令 6599 号，"通饬各属限文到十日内拟定分期办理……限至十月底一律办理禁绝，专案报核在案……"，① 然后县办理的过程中则充分借助民间力量如风俗改良会、天足会等组织，进行大力宣传和倡导，如各地风俗改良会均把禁缠足作为其改良社会风尚的一项主要内容，我们从宜良县风俗改良会公约第 14 条内容"严禁男子与缠足女子结婚"② 即可看出，而且从各县呈报的禁止妇女缠足情况看效果尚且明显，如 1935 年砚山设治局局长毛贡廷呈报"现计全属年在二十五岁以下缠足妇女，据各区团结报，业已遵令解放罄尽，并据声明以后永远无人再敢缠足，倘有查出违禁情事，愿受连带处分，等情。职为慎重起见，复派员四出调查，尚属实在"。③

　　总之，近代云南社会风尚由农业文明到工业文明，由传统到现代的转变主要是由上述五种相互交错的力量，最后融合为总的合力而促成的。

---

① 民国云南省民政厅档案，"各县禁止妇女缠足卷"，卷宗号"11—8—102"，云南省档案馆馆藏。
② 民国云南省民政厅档案，卷宗号"11—1—856"，云南省档案馆馆藏。
③ 民国云南省民政厅档案，"各县禁止妇女缠足卷"，卷宗号"11—8—95"，云南省档案馆馆藏。

第 三 章

近代云南社会风尚变化的基本特征

近代中国社会风尚的显著变化，从地域上看，基本是以东南沿海地区为契机逐步向内陆及边疆扩散。云南作为中国西南边疆的一个多民族地区，在社会急剧转型的近代，其社会风尚的变迁有与东部沿海地区相似的或共同的特点，同时也有其作为西南边疆和多民族地区的独特性。

一 近代云南与东部沿海地区 社会风尚变化的共性特征

近代云南不仅在时空上与沿海、内地一起跨入了近代，而且其发展的道路基本是沿海地区曾经走过的路，只不过落后于沿海近半个世纪而已。因此，云南社会风尚的近代变化与东部沿海地区相比便具有一些共性的特征。

（一）都是在西方的冲击影响下出现了不同于近代以前的实质性变化

近代以前的中国尽管社会风尚转移也十分显著，但是基本是传统自身的变化。"明清时期的变化对前代没有出现本质的突破，甚至在发展的程度上也与之大同小异。……我们在明清史料上读到的东西，在汉代、宋朝也经常看到。"① 但是，步入近代，国门大开，西方势力及开口通商导致了以东部沿海地区为中心的社会生态变化，伴随殖民性商业贸易发展，近代工商元素渐次输入与成长，出现了完全不同于以前的新的生活资源。

在东部沿海地区由于开口通商及近代工商业的引入，都是以西方侵略和强权为主导、清政府被动消极的方式开始的，因此其近代风尚多是由西方引入，或受西方影响而来，从而带有明显的"崇洋"特征。从洋货、洋器、西式娱乐的引入，到与西洋有关的买办商人、留学生及新学精英引领生活新风尚，凡是新式的生活元素，几乎无一不具有西洋色彩。但这只是表象，实质则是生产方式决定的农业社会与近代工商业社会生产力的差异，因而发端于中国沿海地区的近代风尚的演变，本质上是伴随近代社会转型的必然产物。

云南自开埠通商以后，西方势力逐渐侵入，伴随洋货进口的持续增多，越来越多的洋货开始进入人们的生活，先由蒙自、思茅、腾越、昆明等通商城市就近消费，后逐渐扩展到就近城镇，继而向广大城乡扩散。来自西方的商品，尽管"它没有大炮那么可怕，但比大炮更有力量，它不像思想那么感染人心，但却比思想更广泛地走到每一个人的生活里去"。② 其主要原因应该是人们务实的实用生活观念。火柴、洋布、洋针等"洋货"的流行，钟表、电灯、电话、火车、汽车、人力车等

---

① 孙燕京：《晚清社会风尚研究》，中国人民大学出版社 2002 年版，第317—318 页。

② 陈旭麓：《近代中国社会的新陈代谢》，上海社会科学院出版社 2005 年版，第 231 页。

的使用，使人们的生活更加便利、快捷、舒适，人们从切身的生活感受出发，开始抛弃传统的重农轻商及贱商观念，接受认同发展工商业和科技的观念。同时伴随洋货汹涌而来的还有自由、平等、民主等近代西方的思想观念，从而影响并改变着人们的日常生活方式，这是云南自通商之后社会风尚变化的一个趋势，也是不同于近代以前的实质性变化。

（二）变化过程中均表现出明显的城乡差异性

社会风尚的城乡差异是中国经济文化发展不平衡造成的。"各国现代化之路无不表明，只有广大农村的经济结构发生了变化，乡村中社会风尚的变化才可能发生，只有农业和非农业之间发生了广泛的联系，城乡间的价值观才有可能接近或缩小。"[1] 社会风尚的城乡差别先是体现在生活条件和消费水平等经济方面的不同。东部沿海地区在 19 世纪五六十年代之后，通商口岸城市在商业经济的带动下发展迅速，而乡村农民生活状况仍然十分低下，因而表征于日常生活的社会风尚差异明显，如据 1886 年一位外国人观察靠近长江入海口的镇江农村时看到"城市是（洋货的）主要消费者，农民只大量购买煤油、针、火柴、糖和铁"。[2]

云南地处边疆，城乡发展差距也甚为显著。蒙自、腾越、昆明等城市自开埠通商后社会风尚发生了明显变化，而周围社会风尚则变化缓慢。如昆明市区使用电灯是在 1912 年，而距离市区八九公里的龙头村，电灯使用却比市区晚了约 30 年。

---

① 孙燕京：《晚清社会风尚研究》，中国人民大学出版社 2002 年版，第 122 页。

② 姚贤镐：《中国近代对外贸易史资料》第二册，中华书局 1962 年版，第 824 页。

据王力 1944 年发表的《灯》记载:"五年前,为了避免空袭的危险,我住在乡下,于是点煤油灯……乡下住了一年多,忽然听见村里有装电灯的机会,我又欣喜欲狂。我住的房子距离电线木杆五十公尺,该用电线二百余码,计算装电灯的费用,是房租的百倍。我居然有勇气预支了几个月的薪水以求取得这一种既不能吃又不能穿的东西。……每一到了黄昏,华灯初上,我简直快乐得像一个瞎了十年的人重见天日。"① 距离通商城市或铁路较远的山区农村社会风尚更多的是几乎没有变化。如云南最西的一个市镇猛戛(后改名潞西县),"日常所食物品,除米麦外,仅往山谷之中捉捕野兽,作为佐膳之用,交易不很发达,还盛行著物之交换制度……猛戛人的生活习惯,还多逗留在半开化的阶段"。② 再如麻栗坡扑拉(彝族支系)族"生活简单,性格朴素,知识极低,衣单食劣,言钝语浊,为瘠贫之苦农",③ 思普沿边(今景洪)边民"皆文化落后,生活原始,挣扎于疾疫死亡之中而不能自拔"④ 等。在生活水平十分低下的前提下,乡村中的社会风尚就很难发生变化,因为,风尚的任何变化都必须建立于社会物质生活的变化之上。

(三)变化过程中都显现出显著的群体差异性

由于各阶层生活条件、所受教育、思想观念等的差异,西方文化对各阶层的影响程度各不相同,又由于近代以来出现了更多新的职业分工,所以社会风尚在变化的过程中便呈现出明

① 王了一:《龙虫并雕斋琐语》,中国社会科学出版社 1982 年版,第 104 页。
② 《云南猛戛》,《东方杂志》第三十二卷第二十号。
③ 民国云南省民政厅档案,卷字号"11-8-10",云南省档案馆馆藏。
④ 江应樑:《思普沿边开发方案》序言,云南省民政厅边疆行政设计委员会编印,1944 年,第 2 页。

显的群体差异。

社会心理学认为，不同的阶级因为生活状态、阶级意识、政治主张、价值观念、道德标准、宗教信仰等的不同，他们对同一信息的反应多有差别，对一种大的社会活动、社会倡导的反应也各不相同。① 因此，同一种社会风尚在不同的人那里表现也不尽相同。典型的如新知识分子群体与农民群体之间的差异就十分显著，我们不妨以婚姻仪式的变化为例来说明。1905年9月2日，《时报》报道了一对青年举行文明婚礼的情况："江宁吴君晋，字回范，前日本士官学校毕业，现充江南督练公所炮兵教官者也。曩曾聘定同里顾女士璧，于前月十三日结婚，即假镇江金山河旁曹氏花园举行文明婚礼。盖女士为承志女学堂学生。"② 之后，有关沿海通商城市文明结婚的报道日益增多，且多是以留学生和新式学堂学生为主体，这些最先接受了西方近代文明的中国知识分子，在婚姻观念上冲破了传统"父母之命，媒妁之言"的束缚，接受了西方男女平等的婚姻观念。而农民的婚姻礼仪直至民国时期还是由父母做主完成婚姻大事，如浙江萧山的男女青年，"婚姻尚媒妁，一切皆父母主之，毫不容子女置喙……至如自由结婚、自由恋爱，更非梦想所能及"。③

云南新知识分子的"文明结婚"（或称"新式结婚"），最早出现在宣统三年（1911）二月初五的《云南日报》"本省要闻"中，以《文明结婚》为题，报道讲武堂教习顾某和张姓女

① 参见《社会心理学教程》，兰州大学出版社1986年版，第340—349页。
② 《文明结婚记》，《时报》1905年9月2日。
③ 胡朴安：《中华全国风俗志》下篇卷四，上海书店1986年版，第50页。

借营业性礼堂成婚，"礼毕分男女入座，觥筹交错，举动文明"。[①] 而云南广大农村中农民绝大多数人家的婚礼直至二三十年后仍然如马龙县"婚嫁遵循六礼。先求庚帖，随同媒妁"。[②]

（四）变化中都呈现出新旧杂陈、新旧杂糅的并存状态

处于社会转型中的近代中国，由于千百年来封建道德思想在民众生活中根深蒂固的影响，因此社会风尚的内容和形式既有封建旧风尚又有资本主义新风尚，既有腐朽落后的不良风尚，还有不断成长着的文明进步的时代风尚，既存在城市中新旧杂糅，又有城乡之间的新旧杂陈。这一中西杂陈、新旧交织的画面，其实反映出的正是中国早期现代化进程中传统与近代、落后与进步并存的混合性特征。

在此社会环境下，无论是东部沿海地区还是西部边疆的云南，既存在符合时代发展要求的以追求自由、平等、个性独立为目标的社会文明新风尚，又存在阻碍社会文明进步的包含浓厚封建思想文化的旧风尚。就婚礼变化而言，随着西方新式婚礼的传入，中国旧式婚礼垄断的地位开始改变，具有新思想新观念的人们根据自己的心理倾向选择了新式婚姻礼仪方式，从而使得婚礼形式发生变化，呈现出新旧并存的特征。一方面是新式婚礼与旧式婚礼并存，旧式婚礼仍然占据绝对统治地位，如杭州"旧式婚姻居十之七八，新式者不过十之二三"，[③] 昆明

---

① 黄石：《民国时期昆明婚丧习俗的衍变》，《云南文史资料集萃（十）》，云南人民出版社 2004 年版，第 665 页。

② 《续修马龙县志》，民国六年铅印本，见丁世良、赵放主编《中国地方志民俗资料汇编》（西南卷·下），北京图书馆出版社 1991 年版，第 795 页。

③ 民国《杭州市新志稿·俗尚》，转引自薛君度、刘志琴主编《近代中国社会生活与观念变迁》，中国社会科学出版社 2001 年版，第 234 页。

"迩来行文明结婚礼，缛礼渐除，费用亦省。然因数千百年积习，一时骤难改革，故行文明婚礼者仍居少数"，① 昭通"婚礼遵古者尚多，必须六礼皆备，亲迎、周堂、拜祖、谒父母及宴客也，间有行文明婚礼者"。②

另一方面则是新旧杂糅。在现实生活中，当时选择新式婚礼的人们更多的是糅合新旧、自成一种。新式婚姻礼仪对普通民众婚姻生活的影响，较多地体现在吸取新式婚礼的若干积极因素，改造旧式婚姻礼仪的烦琐礼节。广东大埔县的新式婚礼即是融合新旧而成的，1943 年印行的县志记载："新婚礼亦杂旧礼行之，纳采、过定、送日子等事，均多仍旧，惟结婚之日另设礼堂，礼节照现在规定之新礼行之。"③ 云南昭通县"间有行文明婚礼者，插香，开庚，一如其旧，惟不周堂，而只于礼堂行新式礼而已"。④

但应当看到，以昆明等城市为中心，向四周辐射传递、逐步施加影响的具有近代因素的社会新风尚在数量上虽然不占多数，却蕴涵着一种新的时代气息，即曾经固守的传统封建风俗习惯已经开始改变，新的社会风尚已占据一席之地，而且随着社会经济的发展，符合时代要求、代表社会发展方向的新风尚传播的范围、力度将进一步拓展和增强。

---

① 《昆明市志》，民国十三年铅印本，见丁世良、赵放主编《中国地方志民俗资料汇编》（西南卷·下），北京图书馆出版社 1991 年版，第 730 页。
② 卢金锡总纂：（民国）《昭通县志稿》卷六·礼俗，1937 年铅印本。
③ 《民国新修大埔县志》，民国三十二年铅印本，见丁世良、赵放主编《中国地方志民俗资料汇编》（中南卷·下），书目文献出版社 1991 年版，第 748 页。
④ 卢金锡总纂：（民国）《昭通县志稿》卷六·礼俗，1937 年铅印本。

二　近代云南社会风尚变化的类型特征

云南，作为西南边疆的一个多民族地区，在近代中国社会转型过程中，社会风尚变化也呈现出与东部沿海地区所不同的典型特征，即具有"西部、边疆、民族性"。

（一）交通条件改善是近代云南社会风尚变迁的契机

1840 年鸦片战争之后近 40 余年，西方资本主义的冲击和影响对偏于西南一隅的云南几无影响。其原因不外乎云南地处高原，全省山区、半山区约占土地面积的 94％，坝区仅占 6％左右，"滇省跬步皆山"的自然地理环境阻隔了云南与内地及沿海的交往，以致到清代道光年间，云南仍然是"从无外来商贩"。[①] 当然此说有些夸张，但却折射出一个道理，即云南的发展离不开交通的改善。近代云南社会风尚的变迁也是以其交通的改善为契机的，其中较为明显的就是 1910 年滇越铁路的建成通车和 30 年代末云南现代化交通网络的初步形成。

1. 1910 年滇越铁路开通是近代云南社会风尚变革的重要转折

从 19 世纪开始，法国在对云南的觊觎中发现，云南的资源十分丰富，但山脉绵延，交通十分不便。法国驻越南总督都墨（Doumer）上任后，就立即着手解决云南交通问题，都墨认为只有修筑铁路才能对云南进行有效控制，他声称"修筑云南铁路不仅关系扩张商务，而关系殖民政策尤深"。[②] "至（光绪）

---

①　道光年间编纂：《云南通志》卷六一，食货志三。

②　宓汝成：《帝国主义与中国铁路》，上海人民出版社 1980 年版，第 10 页。

二十三年（1897）秋，法国北京公使，遂明向我国政府要求建筑云南铁路之特权，我政府犹豫未覆（复）……是年春，中法约成，约中有云，建筑自东京界至云南省城铁路之权利让之于法国政府或法国公司，中国政府惟有供给铁路应用之地段，及其附属物之义务而已。待测路员完全（成）其研究后，二国政府定其路线及其规则。云南铁路自是遂归置法人。"[1] 1901 年，法国越南殖民当局与法国汇理银行等对外投资企业联合成立滇越铁路公司。1903 年，中法签订《中法会订滇越铁路章程》，随即法国派人踏勘路线，绘制蓝图，开始承修滇越铁路。至1910 年滇越铁路全线贯通，"由越南之海防至云南省城。全长八百五十四公里。在越境者，海防、老街间三百八十九公里；在滇境者，河口、昆明间四百六十五公里"。[2] 这是云南省的第一条铁路，也是中国整个西部地区的第一条铁路。滇越铁路作为近代交通运输工具和文化传播工具，并不完全以建造者的意志为转移。马克思在讲到印度革命时曾说过："英国在印度斯坦造成的社会革命完全是被其极其卑劣的社会利益所驱使的……但问题不在这里，问题在于，如果亚洲社会没有一个根本的革命，人类能不能完成自己的使命？如果不能，那么，英国不管干出多么大的罪行，它在完成这个革命的时候毕竟是充当了历史不自觉的工具。"[3] 滇越铁路在云南近代化中也同样"充当了历史不自觉的工具"，成为近代云南社会风尚变革的重要转折，使近代云南社会风尚变革融入现代元素并日益凸显。

---

① 中国科学院历史研究所第三所编：《云南杂志选辑》，科学出版社 1958 年版，第 484—485 页。

② 周钟岳著，李春龙、江燕点校：《新纂云南通志 四》，云南人民出版社 2007 年版，第 15 页。

③ 《马克思恩格斯选集》第一卷，人民出版社 1995 年版，第 766 页。

第一，开启了民众的现代意识。正是在滇越铁路修筑过程及其之后在运行过程中，云南人学到了关于现代交通建设的技术和管理方面的大量科学知识，云南现代化交通建设才由此而肇兴，如1912年由个旧厂商自动集议，呈请前云南都督蔡锷批准，以抽收锡、砂、炭股集资100万两及政府所属的滇蜀铁路公司出股本100万两修筑的个碧石铁路。该铁路全长182.5公里，分三段修筑，其中个碧段1913年开工，1921年通车，鸡临段于1918年开工，至1928年通车。[①] 川滇铁路（叙昆铁路）于民国二十七年（1938）先后兴工，从云南的情况看，因战事关系，其铺轨通车之工程，仅自昆明至沾益一段，计长173公里，其余于1943年相继停工。[②] 时人记载了1940年11月昆明至杨林段的试车盛况："昔日需程二日者，今则已可早发而夕返。"[③] 火车的便捷使凡切身体验之人，思想无不受到震动，也必然使人们对西方先进的工业技术生出羡慕与向往。

滇越铁路对传统运载能力的跨越，"使现代技术设备的运入成为可能，并由此而出现了传统生产方式向现代生产方式的转化。现有资料表明，云南具有现代技术装备的生产企业除1888年官商合办企业中唐炯购置机器，聘用日本技师首次在东川采用机器炼铜外，一般均出现于1909年之后（该年滇越铁路已分段营运）"。[④] 随着1910年滇越铁路的建成通车，一些重要企业纷纷通过铁路引进现代技术设备。如云南机器局于1924年由省政府集资100万元，从日本进口一批机器生产子

---

① 民国云南通志馆编：《续云南通志长编》中册，第1016、1018页。
② 同上书，第1023页。
③ 张肖梅：《云南经济》，民国三十一年（1942）版，第H一六页。
④ 陈征平：《云南早期工业化进程研究：1840—1949》，民族出版社2002年版，第110页。

弹；个旧锡务公司在 1910 年进口了洗砂、制炼、化验、电机、架空铁索等机械共值 108 万马克，合银 50 余万元；耀龙电灯公司引进两台西门子 40kW 水轮发电机组及送配电设备；芷村钨锑公司从香港引进 1 套冶炼设备；个碧石铁路则引进钢轨、道岔、水泥、炸药、通信设备、机车、车辆；亚细亚烟草公司从日本进口 2 台卷烟机、1 台制丝机及动力设备、1 台切烟机、1 台压梗机、1 台小型压制包装锡纸机器；昆湖轮船公司 1928 年向（越南）海防购办小火轮 1 艘，名曰西山号；云南炼锡公司引进 1 座柴油炼锡反射炉；五金器具制造厂，购进 2 座三相马达、1 座鼓风机、6 台机床（含车床、刨床、钻床）；玉皇阁电厂购入 2 台英国拔伯葛公司 7.37 吨/时链条炉、1 台 1250kW 汽轮发电机组，1937 年投产，共值国币 20 万元；云南纺织厂则通过滇越铁路购进纱锭 5200 枚、织布机 100 台等等。① 现代工业成分的增加，新的生产手段的植入所引起的生产方式的变更，必然引起人们生活方式的变化，从而也进一步强化了人们的现代意识。

第二，滇越铁路通过客运和铁路邮政两大基本功能为扩大社会交往交流提供了便捷快速的通道，使近代思想逐渐取代封建迷信和专制思想，资产阶级的生活方式潜移默化地影响着人们的心理、思维和生活观念。在滇越铁路通车前，高山、峡谷、激流是云南与内地、海外交往的主要障碍，在 1884 年中法战争前，云南与内地、海外的交往主要是通过若干古道进行商品贸易。"滇越铁路筑成之后，乃间接得以利用海防港口，

---

① 车辚：《滇越铁路与近代西方科学技术在云南的传播》，《昆明理工大学学报》（社会科学版）2006 年第 4 期。

经海运到香港、沪、津等埠。至此云南与中原交通为之改观。"① 比如滇越铁路通车前由云南至北京，徒步而行或利用驿传，日夜兼程也需赶路 4 个月才能到达，滇越铁路贯通后，由昆明乘火车至越南海防只需两天半，然后改乘轮船，一星期抵上海，再改乘京沪铁路约一日半即抵北京，虽比旧式走法大大迁绕，但却仅用 11 天即可抵达北京，与旧式行程相比，不可同日而语。② "由香港到昆明，一星期内，可以到达，而在铁路未通以前，至少需要两月以上时间。"③ 显然，滇越铁路的通车很大程度上克服了高山深壑的阻隔，大大节约了时间，增加了人员交往的数量，也提高了人们交往的频率。据统计，1935—1938 年滇越铁路通车后运载旅客数目分别为：2937238、3428210、4161844、4462386，④ 呈逐年增加的趋势。由于社会风尚的变化是社会成员互动的合力结果，是人的活动所致，因此人们交往的变化必然或多或少加快风尚在不同地区和不同行业流动。滇越铁路一方面使封闭的云南人越来越多地走出大山，去了解家乡之外的世界。如马关县原来"因地无平原，路多崎岖，一切车辆，均不能行，既无大水，更无舟楫，交通不便，故邑人多老死不出乡，能至省者，已甚稀罕。自滇越铁路通，旅游较便，渐有至京沪者，非如向之裹足不前也"。⑤ 据统计，民国元年（1911）至民国二十七年（1938），云南省接受

①　中国人民政治协商会议云南省委员会、文史资料研究委员会编：《云南文史资料选辑》第二十九辑，云南人民出版社 1986 年版，第 28 页。

②　参见陆韧《云南对外交通史》，云南民族出版社 1997 年版，第 400—401 页。

③　张肖梅：《云南经济》，民国三十一年（1942）版，第 Gt 页。

④　同上书，第 G 二二页。

⑤　云南省编辑组编：《云南方志民族民俗资料琐编》，云南民族出版社 1986 年版，第 166 页。

过高等教育的 2575 人（不包括军事方面）中，到国外留学的有 238 人，在省外就读的有 350 人。[①] 其中多数学生，即是从这条铁路出海，转往日本或欧美留学的。如"一九一三年，云南选送欧美留学生三四十名，就完全取道铁路出国，升学国内大学专科学生，我即其中之一，也是经由铁路出省。云南教育厅一九三〇年起，扩大国内升学学生奖学金名额为二百名，目的即在依赖铁路的交通关系来推动云南资本主义的教育文化"。[②] 他们学成归来多数成为云南各界精英，从而引领着云南社会风尚变革的潮流。另一方面，云南邮政总局与法国滇越铁路公司签订协议，自 1910 年 12 月 22 日起使用火车带运邮件。[③] 铁路和邮政的结合一方面为新思想、新文化在云南的传播提供了便利。"外地革命刊物，由法国邮政局寄来，可以不受满清地方政府的检查，因此同盟会所有革命宣传刊物，大批运到云南。"[④] "国内报纸、刊物、书籍、科学仪器、文教用品，日渐输入云南，只是数量不大，品种不多。"[⑤] 但毕竟给云南思想文化界注入了新的血液。另一方面铁路和邮政的结合也加强和密切了云南的对外交往，而云南对外交往的加强又直接加速了社会风尚的变迁。据记载，"滇越铁道筑成，以丛山僻远之省，一变而为国际交通路线，匪但两粤、江、浙各省之物品，

① 民国云南通志馆编：《续云南通志长编》中册，第 839 页。

② 龚自知：《法帝国主义利用滇越铁路侵略云南三十年》，《云南文史资料选辑》第十六辑，1982 年版，第 11—12 页。

③ 车辚：《滇越铁路与近代云南社会观念变迁》，《云南师范大学学报》（哲学社会科学版）2007 年第 3 期。

④ 缪嘉琦：《云南陆军学堂的反帝斗争》，《云南文史资料选辑》第四十一辑，1981 年版，第 237 页。

⑤ 龚自知：《法帝国主义利用滇越铁路侵略云南三十年》，《云南文史资料选辑》第十六辑，1982 年版，第 12 页。

由香港而海防，海防而昆明，数程可达，即欧美之舶来品，无不纷至沓来，炫耀夺目，陈列于市肆矣。欲返于古代之朴质，纯以农立国，其势有所不能也。"① "迨滇越铁路成，西人之经济势力，乃随之而深入，三迤商务，亦因之而丕变矣……今则异域货物，充斥阛阓，生产落后，而奢靡成风。"② 通海县"自清法车交通，畅销洋货，婚丧庆典竞尚奢华，宴会年节争相夸耀，富既骄而行之，贫尤滔而效之，遂使有用金钱无限消耗迨终……"③ 而且越靠近铁路的地方，其社会风尚变化越明显，开远原本"习俗素尚勤俭，自滇越路通后，沪上奢侈之风，昆明斗靡之习交相传来，于是简朴耐劳之风竟化为奢惰之习，然此风气仅限于城区一部，而各乡村民尚守古风，简朴耐劳"。④

　　同时通过滇越铁路越来越多的人也来到云南，给云南带来新的生活方式、新的思想和文化。省会昆明最为突出，据时人记载："有滇越铁路可通，自海防至此（昆明）共有八百五十四公里，故西人夏令来此避暑者，络绎不绝。"⑤ "自滇越铁路通后，商务渐臻繁盛，外省及外县之商人多接踵而至……外国人遂纷至沓来，寄留市内者日众，据民国十一年调查男女共二百九十二人。男计一百六十八人，女计一百二十四人，其职业以经商为最多，其次则传教及担任公务。"⑥ 外国人尤其是法国人的生活作风也随之蔓延开来。"该省人民，渐渐习惯适用法

① 民国云南通志馆编：《续云南通志长编》中册，第339页。
② 民国云南通志馆编：《续云南通志长编》下册，第535页。
③ 民国云南省民政厅档案，卷宗号"11—1—856"，云南省档案馆馆藏。
④ 陈权修，顾琳纂：《阿迷州志（二）》，台湾学生书局1968年影印本，第521页。
⑤ 郑子健：《滇游一月记》，中华书局印行，第51页。
⑥ 张维翰修，童振藻纂：《昆明市志》，台湾学生书局1968年影印本，第41—43页。

国物件及食品，食品则如酒饼等；用品则如胰子及机器等"；[①]
省会"昆明早期西式建筑，大都模仿法国式。建筑材料，逐步
掺用水泥。有的房屋用花砖铺地，瓷砖镶浴室，红木做地板、
墙板，这些材料，都是从铁路进口的。讲究享乐人家，家俱用
具，也有不少来自河内、巴黎。……法国白兰地酒、香槟酒，
在昆明很流行，有的还喜欢喝法国汽水、啤酒、咖啡。昆明资
产阶级享乐作风，并不完全来自法国，但主要由于滇越通车，
这是肯定的"。[②] 商务之外，一些外国专家也从滇越铁路抵达云
南，促进了云南教育文化的发展与交流。1918 年唐继尧任云
南督军，就通过留美人士董泽、关镜宇、胡心泉三人聘请飞行
家陈炎长来云南担任云南航空学校的校长。

　　滇越铁路推动云南社会风尚趋向奢侈的同时也日趋近代
化，而这些反过来又一定程度上刺激和推动了铁路沿线地区商
业的繁荣。云南向来"水利称便，民多务农，在昔铁路未兴，
工商业均不发达，自滇越铁路修通后，路当要冲，一切舶来品
日新月异，工乃渐知改良，商则渐知远贩"。[③] 且自从"滇越铁
路通车后，铁路沿线的城镇昆明、呈贡、宜良、开远、碧色
寨、河口等地商业繁荣起来"。[④] 开远"在昔交通不便，入出货
物均居少数，自火车通后交易货物日趋繁盛，有蒸蒸日上之势
焉"，且"商务日趋繁盛，大规模之商店亦渐有组织矣"[⑤]、"云
南及西昌、会理等处生熟皮革的外销，（也）是在滇越铁路通

　　① 曾毓秀：《滇越铁路纪要》，民国八年（1919），第 66 页。
　　② 龚自知：《法帝国主义利用滇越铁路侵略云南三十年》，《云南文史资料选辑》第十六辑，1982 年版，第 12 页。
　　③ 转引自李珪《云南近代经济史》，云南民族出版社 1995 年版，第 125 页。
　　④ 田洪：《鸦片战争到辛亥革命时期云南境内商业述略》，见云南经济研究所编《云南近代经济史文集》，1988 年铅印本。
　　⑤ 《阿迷州志二》，成文出版社有限公司 1975 年影印本，第 512、514 页。

车以后"。① 与此相反，在距离滇越铁路较远且交通不便的地区，其社会风尚变化就不甚明显，甚至没有变化，如云南最西的一个市镇猛戛（后改名潞西县），"由昆明到猛戛沿途人烟稀少，路途险隘；往来的人，非常不便。有些地方，连走一两日，还不能翻过一个山坡，其山势之险，可以想见。途中又无舟车，完全系靠步行……（其）日常所食物品，除米麦外，仅往山谷之中捕捉野兽，作为佐膳之用，交易不很发达，还盛行著物之交换制度……猛戛人的生活习惯，还多逗留在半开化的阶段。"② 再如滇西的鹤庆"隔滇垣一十八天，这十八天中，没有两天的平路，都是山路，宽的去处，山也就是路，路也就是山，狭的去处，将将只容一人一马，一到雨天，便难走死了，牛马、人力夫和行客不时有跌死的……此路的难走，又无车可通，真是一言难尽了。商业因之不发达，文化也因此衰落，同中国几乎隔绝了，人民智识不开，愚顽如故"；③ 思普沿边边民"皆文化落后，生活原始，挣扎于疾疫死亡之中而不能自拔"。④ 显然由于地理环境导致的交通不便，近代中国趋新文明风尚对上述地区几乎无任何影响。

第三，滇越铁路促进了近代科学技术在云南的传播与发展。最典型的例子就是：滇越铁路的前期施工和后期管理使经世致用的工程技术学科，如测绘工程学、铁道工程学、土木工程学、机械工程学，依托政府组织机构和学校教育获得了长足

---

① 中国人民政治协商会议云南省委员会、文史资料研究委员会编：《云南文史资料选辑》第七辑，云南人民出版社 1986 年版，第 115 页。

② 《云南猛戛》，《东方杂志》第三十二卷第二十号。

③ 《如此的云南》，《新云南月刊》1929 年第一期。

④ 江应樑：《思普沿边开发方案》序言，云南省民政厅边疆行政设计委员会编印，1944 年，第 2 页。

的发展。清宣统元年（1909）八月十五日，云南陆军讲武堂开学，教程中设测绘学、图上战术、沙盘制作及实地简易测绘等课程。宣统三年（1911）正月十五日云南陆军测地局成立。[①]法国修建滇越铁路引发的地缘政治危机直接推动了与铁路相关之工程学科的发展。光绪三十一年（1905）云南添派 12 名留日学生分习的四科目中就有铁道。光绪三十四年（1908）晚清政府在昆明设立速成铁路学堂。宣统二年（1910）开办高等工矿学堂。后来云南大学也有专门的土木系和铁道管理系。

云南是最早建立航空学校的一个省，这与滇越铁路的修建不无关系，当时购置的飞行器材全部由滇越铁路运入云南。

2. 20 世纪 30 年代末期现代交通网络的初步形成促使近代云南社会风尚变化向纵深扩散

滇越铁路建成通车所导致的社会风尚从传统到现代的转变，标示了交通改善是近代云南社会风尚变迁的重要物质前提条件，从而也预示了 20 世纪 30 年代末期现代交通网络的初步形成必然引起云南社会风尚变化向纵深扩散。

云南现代化交通通信网络[②]主要包括：铁路、公路、驿路、航空、邮政、电报、电话以及相应的运力条件等。自 1910 年滇越铁路通车，到 1940 年前后相继修筑完工通车的铁路（除滇越铁路外）主要有个碧石铁路（由滇越铁路碧色寨起，经蒙自盆地而直达个旧。其后路线由个碧中点之鸡街延长至临安，后又由临安延展至石屏，1935 年 11 月临屏段通车）、川滇铁路（叙昆铁路）的昆明至沾益一段。到 20 世纪 30 年代末期形

---

① 《云南省志》卷四十·测绘志，云南人民出版社 1998 年版，第 8 页。

② 参见陈征平《云南早期工业化进程研究（1840—1949）》，民族出版社 2002 年版，第 113—128 页。

成了五大公路主干道，即滇缅公路（从昆明经安宁、禄丰、广通、楚雄、镇南、祥云、弥渡、凤仪、下关、大理、漾濞、永平、云龙、保山、龙陵、芒市至滇缅交界之畹町，长 960 余公里）、滇东北干道（从昆明经嵩明、寻甸、会泽、鲁甸、昭通、大观、盐津达四川，1935 年只完成了计划里程 693 公里的 23％，即昆明至寻甸的 157 公里）、滇东干道（也称川滇公路，从昆明经板桥、扬林、易隆、马龙、曲靖、沾益、来远铺、宣威、大箐口至滇黔交界之杉木箐，然后循贵州赤水河达四川之泸县，20 世纪 30 年代末已基本全部完工）、昆剥干道（从昆明经嵩明、宜良、路南、弥勒、开远、文山、砚山、广南至剥隘，该路是滇桂两省的重要通道。公路计划里程为 1299 公里，到 1935 年底，已完成 768 公里，完成里程约 60％）、滇南干道（从昆明经呈贡、晋宁、玉溪、通海、建水、个旧、蒙自、曼耗至河口，到 1935 年 3 月底完成了 705 公里的 24％，即 171 公里）。1939 年全省公路通车里程近 3000 公里，其中已铺路面的达 1000 多公里，未完成者将按年推进，继续铺填。航空方面，20 世纪 40 年代前后云南陆续开通的航线已达 8 条之多，主要由昆渝航线，昆蓉航线，四川经昆明至加尔各答的中印航线，昆明经重庆、成都、兰州、哈密至乌鲁木齐后与欧洲联航的欧亚航线，昆明经桂林至香港航线，及昆明至河内与法国航空公司联航的滇越航线等，使昆明一度成为国内外的航空重站。[①] 在机场建设方面，最早的有昆明巫家坝机场，其后有保山、楚雄、昭通机场，随着抗日战争的深入，为适应军事航空的需要，除了对原有机场进行改扩建外，又陆续在呈贡、云南

---

① 孙代兴、吴宝璋：《云南抗日战争史》，云南大学出版社 1995 年版，第 234 页。

驿、蒙自、思茅、扬林、祥云、沾益、宁洱、芒市、玉林、元谋、永仁、弥渡、广南、羊街、瑞丽、泸西、弥勒、文山、建水、丽江、鹤庆、宾川、蒙化、盘溪、华宁等地兴建了近 40 个简易军用机场。1937 年以后，云南邮政的大小分支机构已达 125 处之多，随着铁路、公路、航空事业的发展，云南邮政业也形成了铁路邮路、汽车邮路、航空邮路、轮船邮路等现代邮政网络。电话、电报也颇有成就，到 1945 年，已完成各县间长途电话的有 42 个县所和 12 个乡镇支所，全区有电信局 69 局，营业处 5 个，兼营长话者 52 局处。

以上现代交通网络的初步形成，使云南的交通运载条件发生了历史上的又一次深刻变化，也极大地改善了人们的出行方式，而出行方式的便捷则有助于进一步拓展社会风尚变革的地域空间和群体范围。

1940 年前后云南社会风尚除了以昆明为中心的滇中、滇南地区外，滇西的交通干道沿线，滇东交通沿线都发生了明显变化。变化的范围显然比 1910 年扩大了，并且随着现代交通网络的形成，中心城市出现的新事物、新风尚比较迅速地呈辐射状向四周中小城镇及农村传播。"比如在昆明市见到的旗袍、高跟鞋，在路南城里随时随处可以遇着。在昆明市流行的新歌曲，也朝发而夕至的辗转歌吟在路南的一般'摩登'的口中。她们爱口红、爱蔻丹、爱美丽的衣料……"①

社会心理学认为，"无论是群体还是社会，它的形成都是以人与人之间的互动为前提的"，"互动是发生在人们相互之间

---

① 吴露伽：《路南剪影续》，《云南日报》1935 年 12 月 20 日第 4 版。

的社会行为"。[①] 由于社会风尚的传播实际上是在社会大众之间通过互动而完成的，因此随着人口的流动，商业经济的往来，原来的社会风尚便因社会生活的改变而变化。我们可以从近代云南中转市场的变化来说明之。伴随 20 世纪 30 年代末云南交通运输条件的改善，"服从于近代格局的更大的中转市场基本形成，在滇南以蒙自为中心，以滇越铁路为运输干线，外接越南、香港，内控滇南，直达滇中以至昆明，染指于滇东及川黔。在滇西以下关为中心，以滇缅公路为动脉，外联缅甸、老挝、泰国以及东南亚，内控滇西，北上深入川康藏，向东联接昆明，深入四川。在滇东以昭通为中心，依靠川滇、滇黔各段公路、铁路进行运输，外接川黔、内控滇东贸易，转销滇南、滇西输往川黔以至长江中下游的商货。这三大中转市场又都以昆明为中心"。[②] 以昆明为中心的上述三大中转市场与马帮运输的迤东、迤南、迤西三线相比，就运输范围而言则大为拓展，就商品流转速度来说也大为加快。市场是人们贸易的场所，也是人们交往交流的重要场域，市场连接地域的扩展，一方面使更多的外来商品进入，繁荣了人们的物质生活；另一方面也使更多的人参与市场的交换，促进了人员的流动，扩大了人们的交往，于是人与人之间生活样式的模仿与熏染便以市场为纽带向周边以及更大的区域四散开来。

昔日地僻人稀的昭通，依川滇、滇黔各段公路、铁路，"商贾云兴"，"及至近年人数已加数倍"，人们的生活随之发生明显改观。衣饰方面，"今日女多剪发，且更奢侈……富豪之

---

　　① 周晓红：《现代社会心理学——多维视野中的社会行为研究》，上海人民出版社 1997 年版，第 305 页。

　　② 董孟雄、郭亚非：《近代云南的交通运输与商品经济》，《云南社会科学》1990 年第 1 期。

辈，竞尚西装，服毛呢，一服也价数十元，一靴鞋亦数十元"；居住则日趋西式，宽敞清洁，"市廛中之贸易，大者则有字号之，规模宏大，中则如陡街之房屋，一色洋式。云兴街、西大街之阛阓鳞次，室宇之高闳，货物之充仞，无湫隘鄙陋之习。至于各区街场，大者亦渐改良，小场亦必有数家铺面、茶馆，以为憩息之所。若做家人口讲究者，皆讲清洁卫生，惟下户则有一室数家者，盖由数年来，土木大兴，修建贵、租息高，一间之屋，其材料必须数百金始能竣工也"。婚礼也"醉心欧化，竞言自由结婚，然离婚者亦时有之……间有行文明礼者，插香开庚，一如其旧，唯不周堂，而只于礼堂行新式礼而已"。①1937 年滇缅公路昆明至下关段通车，1938 年下关至畹町路修成。下关，作为滇西交通枢纽，商业空前繁荣，成为仅次于昆明的一座商业城市，这一时期其社会风气为之大变。下关的关外（40 年代下关市区以西洱河为界，河南称关外，属凤仪县称下关镇），商店汽灯灯火通明，饭馆生意兴隆。电影院、戏院连场演出，电影院上映的是 30 年代上海产的古装片，夹杂着美国进口的好莱坞影片。外国货物及生活用品大量涌入下关。百货店有玻璃（尼龙）丝袜，化妆品中的"寇丹"、"磅司"（口红、搽面膏），文具中的派克钢笔、派克墨水，香烟中的骆驼牌、菲利浦、红吉士、白吉士等很普遍。街上横冲直撞的吉普车上，坐着浓妆黑头发的女人"吉甫女郎"，俗称"走国际路线"，在下关已司空见惯。② 位居滇缅公路附近的姚安县，服饰由"男子衣冠简朴，妇女不尚艳妆，夏不衣葛，冬仅衣帛，老人亦有衣裘者，彝人种麻，自能纺织，又多畜羊，寒

---

① 卢金锡总纂：(民国)《昭通县志稿》卷六·礼俗，1937 年铅印本。

② 参见李道生主编《云南社会大观》，上海书店 2000 年版，第 18—19 页。

暑皆衣羊皮麻布"一变为"近年青年多着制服，间尚西装；青年妇女皆剪发、天足，多衣旗袍，彝人服饰亦多汉化"。器用方面，也出现了"近年手工机器如缝衣织袜及面机间有采用者"。① 距离昆明较近的宜良县宴饮"今则竞尚奢靡，间用山珍海味，近城市井，此风尤甚"。住屋"近今风俗奢侈，间有采用洋式新房者"。② 石屏县"自从资本主义社会的个人自由竞争的病菌传染入这社会以来，这古老的社会的一切内涵物，渐渐地动摇而崩溃了来，凡事都以孔孟之道立身的，现在概变成奸诡猾……一部分的妇女也同样抱着书进学校了。离婚案子日益增多了，金莲也大了。一切都在疯狂的破坏，显出二十世纪的时代特色来"。③ 平彝（富源），"近来交通比较便利，风气稍变，对于工、商等业，也就逐渐注意了"。④ 而稍远一点的宣威"年来以交通较便，奢侈之习逐渐感染，即以婚丧两事论，富者辄誇丽门靡，希光门面，贫者亦不自度力量，竞相效尤，因此以婚丧之故，每致富者转贫，贫者则致倾家荡产而弗顾……"⑤ 禄劝县民，其交际礼尚也开始变化，"昔则用物相酬，今则多用银钱从其便也"。⑥ 巧家县民"起居、饮食、酬酢、往来，虽海上之风由省垣而间接输入，但不过少数人习染且较之省垣亦相差甚远"，⑦ 毕竟变化明显。

---

① 霍士廉等修，由云龙纂：（民国）《姚安县志》卷五十三·礼俗志之五·风俗，1948 年铅印本。

② 王槐荣修，许实纂：（民国）《宜良县志》卷二·风俗，1921 年铅印本。

③ 莎雯：《石屏素描》，《云南日报》1935 年 7 月 27 日第 5 版。

④ 田曙岚：《滇东旅行记》（续），《云南日报》1936 年 10 月 3 日第 5 版。

⑤ 民国云南省民政厅档案，"各县呈报改善不良风俗报告"，卷宗号"11—8—117"，云南省档案馆馆藏。

⑥ 全奂泽、许实纂：（民国）《禄劝县志》卷三·风土志，1928 年铅印本。

⑦ 陆崇仁修，汤祚等纂：（民国）《巧家县志稿》卷八之三·礼俗，1942 年铅印本。

诚如记载，云南的社会风尚出现了"当交通不便之时代，滇省人民诚为朴实。今则不然。新人物辈出，或游学自海外归来，或服官他处返里，舍其旧有朴实之风，而沐新学文明之化矣。款客时必用洋酒，非此不恭；故一席达数十元，视为恒事"① 之显著变化。

（二）边地社会风尚变迁的独特性

与东部沿海地区相比云南具有"西南界缅甸，南界安南（今越南）"② 的边疆特点，依历史及地理的关系看，近代云南就具有了特有的两个边区：③ 滇越边区和滇缅边区。"在此类地区中，举凡山川气候，居民生活，均不同于内地，而物产丰饶，蕴储富厚，则又远非内地所能及。……近年来虽曾多致力于开边化民，然无统筹机构及具体方案，收效殊鲜。"④ 由于边区具有毗邻外国（不发达的缅甸和越南），地理自然条件导致与国内的交通不便、居住民族复杂、社会结构相对单一等特点，其在近代社会风尚变迁过程中具有不同于东部沿海地区的特殊性，即近代中国文明风尚对边地影响较弱且明显滞后于东

---

① 钱文选：《游滇纪事》，民国十九年（1930）重印本，第37页。

② （民国）杨志成：《云南民族调查》，收录于胡耐安《中国民族族系统类概述》，国立北京大学中国民俗学会《民俗丛书》民族篇①，第6页。

③ 所谓云南边区即是云南对外接壤的区域。滇越边区又可以划作三个区域：对汛区即河口麻栗坡两个对汛督办所管辖的区域、红河流域区和十二版纳区即十二版纳毗连法境的一部分。滇缅边区又可以区划作五个区域：第一是北段未界定区域，行政上划分为泸水、福贡、碧江、贡山、德钦五设治局；第二是腾龙沿边区；第三是顺镇沿边区；第四是南段未界定；第五是思普沿边区。参见（民国）陈碧笙《滇边散忆》，第1页，收录于国立北京大学中国民俗学会《民俗丛书》专号②·民族篇。

④ 民国云南省民政厅档案，"云南省民政厅民边字第2308号呈文"，卷宗号"11—6—646"，云南省档案馆馆藏。

部沿海地区，在边地平民中其社会风尚多古朴守旧，而少数民族中的土司及贵族则明显表现出汉化或洋化倾向。

鸦片战争及随后的一系列列强对中国的侵略战争，中国的大门被强行打开。地处西南边陲的云南也成为英法的重点侵略目标。英国在占领缅甸后，把云南作为其创建印度、缅甸和长江流域殖民大市场的链环。法国也力图由越南深入云南。滇越、滇缅边区便成为英法侵略云南的前沿阵地。"边民生活形态大都停滞于半开化的神权时代中，大概居山的多以狩猎为生，茹毛饮血，完全是野蛮的世界。近平原的则知利用土地，耕种穀黍，惟播种之后，听其自生自长，土地虽肥，收获终属有限。工业也很幼稚，除了绩麻、织布、制竹器、漆器等简单的手工业外，其余很少足述的……迷信鬼神，举凡山川木石等几于无一不有神，死亡疾病，吉凶祸福，无不以为有神主宰。原始性的神权很坚牢的统治了他们。"[1] 因"知道边地民众忠实可用，或以利诱，或以力协，到各边地传教，实行文化侵略……干崖、猛卯一带，外人（指英人）更因傈僳素拜孔明老祖，乃捏造耶稣是孔明的哥哥以投其心理，傈僳相率入教者也有数万人"，[2] "美国浸信会牧师永文生继其父伟理经营三四十年之基业，以儒佛为本营，设学施医传教，三管齐下，澜沧之基本民族卡瓦裸黑早已心悦诚服，化为洋奴。而最近二三年来，法人席斯□又在上允传天主教，亦已收效神速"，[3] "自外

---

① 子澄：《推行云南边地民族教育的途径》，《云南日报》1936 年 3 月 13 日第 5 版。

② 范义田：《云南民众教育的社会背景》，《民众生活周刊》1932 年第 1 期，云南省立昆华民众教育馆出版。

③ 彭桂萼：《西南极边六县局概况》，《西南边疆》1938 年第 3 期，昆明西南边疆月刊社出版。

教侵人受其麻醉者甚多"，① 以至于"一般边民只知有洋牧师而不知有地方官"。② 除文化渗透外，经济侵略也是其侵略边区的主要手段，德钦"各商店货品，以及沿街摆摊子买（应为卖）货者，除滇产茶，糖，布匹，铜铁器及一切杂物外，余多洋货，如洋钉，纸烟，洋蜡，洋匹头，洋瓷器，洋袜，毛巾，手电筒，肥皂等，无一样不是舶来的物品，而且价格奇昂，劣等纸烟一小盒，售价大洋半元，闻之令人咋舌"。③ 沧源"因临近英缅腊戌，洋货倾销"。孟连上允也"以接近英缅，洋货充斥"。④ 然而这些昂贵的洋货对普通边民来讲只能是"可远观而不可亵玩焉"，加之保守的边地土司及统治者的苛刻统治和闭关思想，致使该边地人民的生活水平低下，且被限制在狭小的范围内，缺乏与外界的联系，以致社会风尚变化甚少。如滇西临边土司所辖夷民"每年除缴纳国课正税外，土司苛派供应款项，超过汉地人员负担三四倍有余。土司全家遇有生死婚嫁喜庆，尚须增加全属夷民临时供应……干崖土司所属全境夷民户口共有四千余户，每年要缴土司官署供应英币十万余元。户撒土司所辖户口不过七百余户，每年全体担负土司官署供应英币三万余元。干崖土司刀保国之二弟，已娶夷女三人及娶缅妻，家庭不能和洽，特携缅妻分居该属丙午乡寨，每月要该乡寨五百余口担任供应生猪八只，鸡鸭二十只，食米三担以及蔬菜柴

---

① 民国云南省民政厅档案，"澜沧县属苗夷民族调查表"，卷宗号"11—8—7"，云南省档案馆馆藏。

② 子澄：《推行云南边地民族教育的途径》，《云南日报》1936 年 3 月 13 日第 5 版。

③ 胡安民：《德钦一瞥》（续），《云南日报》1937 年 4 月 3 日第 5 版。

④ 彭桂萼：《西南极边六县局概况》，《西南边疆》1938 年第 3 期，昆明西南边疆月刊社出版。

碳等物……夷民全家终日劳苦，薪资不敷当地土司苛派供应"，①福贡设治局"居两大雪山之间，因山河阻隔，交通不便，不与内地往来，自成一特别部落"。②结果必然是近代平等、自由、民主等社会文明风尚对他们的影响很小，其社会风尚多古朴而守旧。如福贡设治局傈僳族的生活方式依然是"自织而衣，麻衣桶裙，自耕而食，食极草率，住皆竹篱茅屋"。③

边地平民中社会风尚变化甚少，并不是没有变化。随着云南门户的开放，边地外来人员流动的增多，及国民政府鉴于民族危机对边疆地区的治理，在边地一些地区甚或一些少数民族，其社会风尚也发生了变化，如腾越厅"风气昔称古朴，今则踵事增华"，④"芒市的摆夷，较富裕的，或是去过夷方或外乡的，或是比较年轻的，常爱着西式服装，大多是缅甸的出品……这些摆夷多着皮鞋及洋袜"。⑤河口"壩洒西南二里之地，屋为洋房，清洁宽敞，欧化意味极浓"。⑥在婚姻观念方面，"过去，僰夷族是绝对不与异族通婚的，近来此种禁例已渐渐开放了，惟通婚的对象，仍只限于（1）汉人；（2）缅甸人；（3）暹罗人；（4）欧洲人；至于杂居于僰夷区域中的山头、傈僳、崩龙诸种民族及常入夷地的印度人，则绝无与之通婚者"。⑦教育观念方面，在各地政府监督"云南省所属各土司

---

① 民国云南省民政厅档案，卷宗号"11—8—43"，云南省档案馆馆藏。

② 民国云南省民政厅档案，卷宗号"11—8—10"，云南省档案馆馆藏。

③ 同上。

④ （清）岑毓英修，陈灿纂：《云南通志》卷三十，地理志五·风俗。

⑤ 赵晚屏：《芒市摆夷的汉化程度》，《西南边疆》1939年第6期，昆明西南边疆月刊社出版。

⑥ 甘汝棠：《云南河口边情一瞥》，云岭书店民国二十二年（1933）版，第50页。

⑦ 江应樑：《僰夷民族之家族组织及婚姻制度》，《西南边疆》1938年第2期，西南边疆月刊社出版。

地方行政建设三年实施方案"的推动及开明土司的努力下，散居边地的一些少数民族逐渐趋向学习汉文，如临江设治局的裸黑"近来亦有入学读汉书者"，[①] 南桥县"现一般土民已有向学之观念"，[②] 麻栗坡之白苗"今幼年男孩渐有入学，与汉族接近，已受同化，得受同等教育"。[③]

社会地位的不同使得边地社会风尚的变化具有明显的差异性。对于掌握边地经济和政治实权的土司及贵族，由于经济的优越，其在衣食住行等日常生活方面"都显见得与平民成为不同的两个方式与两种水准，贵族多汉化甚或洋化，平民则保持其固有的语言习俗"。[④] 衣饰方面，"摆夷（今傣族）之贵族则多着汉人之服装，如长衫及鞋袜等，似乎汉装以后更能表现他们的身份……除土司及贵族有改着西装和汉装者外，普通民间的服装的形式还没有和社会阶级连带分化的现象"。[⑤] 住房方面，"普通多是以竹编成的，上面铺一层厚厚的茅草，住屋的四周围着竹栏……摆夷族中之较富有的则多喜盖汉人式的住房……芒市土司和贵族的住屋多有采用缅甸式的建筑"。[⑥]

民国时期，面对严重的边疆危机和民族危机，尽管国民政

---

① 民国云南省民政厅档案，"西南苗夷民族调查表（临江设治局）"，卷宗号"11—8—7"，云南省档案馆馆藏。

② 民国云南省民政厅档案，卷宗号"11—8—43"，云南省档案馆馆藏。

③ 民国云南省民政厅档案，"麻栗坡对汛边区民族调查表"，卷宗号"11—8—10"，云南省档案馆馆藏。

④ 江应樑：《云南西部僰夷民族之经济社会》，《西南边疆》1938年创刊号，昆明西南边疆月刊社出版。

⑤ 赵晚屏：《芒市摆夷的汉化程度》，《西南边疆》1939年第6期，昆明西南边疆月刊社出版。

⑥ 赵晚屏：《芒市摆夷的汉化程度》，《西南边疆》1939年第6期，昆明西南边疆月刊社出版。

府对云南边区开始重视，并进行了为数 10 次的调查，[①] 但直至
1943 年才成立边疆行政设计委员会，网罗专门人才，根据边
地实况，拟订具体方案，推行边地行政，以开发边地巩固国
防。或许这就是近代中国文明风尚对边地影响较弱且滞后于云
南其他地区，更明显滞后于东部沿海地区的关键因素。

（三）由民族文化特殊性而呈现的"超前"与"滞后"特性

云南与东部沿海地区不同的另一大特点就是云南是个多民
族省份。据杨成志 20 世纪 30 年代《云南民族调查报告》记
载，云南民族至为复杂，为"西南民族"的大本营。所谓罗
罗、苗、瑶、摆夷、回……俱杂处其中。除汉族外，外国人竟
谓"云南省 1100 万人口中，三分之二为'有教育的野蛮人'
（Out of the 11000 000，inhabitants of the Province of Yun-
nan，two-thirds are 'cultivated Savages'）"。这虽未见得是一种
确切的统计，然"五里不同风，十里不通俗"的现状，我们可
在云南实地看见，便可明其各种部族随地分布的梗概了。[②] 显
然上述内容也标示了由于居住民族及其文化的不同，云南风
尚变化呈现出有别于东部沿海地区的"五里不同风，十里不
通俗"。

在近代云南不同的少数民族地区，因各少数民族文化的差
异，其社会风尚变迁呈现出"超前"与"滞后"的特征，即从
其对近代云南社会风尚变迁的影响性质来看，其主要表现为以
下两方面：

---

　① 马玉华：《国民政府对西南少数民族调查之研究（1929—1948）》，云南人
民出版社 2006 年版，第 28 页。
　② 李文海主编：《民国时期社会调查丛编·少数民族卷》，福建教育出版社
2005 年版，第 7 页。

　　一方面，一些少数民族传统文化适应近代社会发展的需要，致使该民族地区社会风尚在近代社会风尚变革中某些方面领先于其他地区。如民国时期在政府和组织开展大规模劝禁妇女缠足，改良社会风尚的过程中，对一些少数民族妇女而言她们不仅不是劝禁的对象，还不自觉的扮演了新风尚的引领者，因为许多少数民族地区自然条件往往比较恶劣，妇女必须和男人同时参与劳动才可能满足生产生活的需要，因此妇女便没有缠足的习尚，而是崇尚天足。如福贡设治局"夷民向无神祠朝宇，亦无神权迷信观念，妇女均跣足不履，向无缠足陋习……性爱平等，尚无蓄婢风气"；[1] 宁江设治局"地处边陲，居民多为僰夷、阿卡、罗黑等族，其妇女素无缠足习俗，以故全属天足"；[2] 河西县蒙古族"喜劳动善勤俭，女子全是天足"[3] 等。再如婚姻观念方面，瑞丽设治局的摆夷族"婚姻竞尚自由恋爱"、阿昌族"婚姻崇尚自由"、麻栗坡的白苗"每年暮春之际，天气晴朗之日，择平原之地为娱乐场，男女歌舞，名曰踩山，意合即成婚姻"[4] 等。

　　另一方面，由于复杂的自然地理条件和少数民族语言文化宗教的独立性、封闭性、隔离性，近代中国某些文明风尚难以侵入广大的山区、半山区一些民族地区。云南少数民族居住的地区主要是云贵高原与横断山脉高山峡谷地区，在这些地区，

---

　　① 民国云南省民政厅档案，"各县改良风俗卷"，卷宗号"11—8—116"，云南省档案馆馆藏。

　　② 民国云南省民政厅档案，"各县呈报改良不良风俗报告"，卷宗号"11—8—117"，云南省档案馆馆藏。

　　③ 民国云南省民政厅档案，"河西县西南边区调查表"，卷宗号"11—8—10"，云南省档案馆馆藏。

　　④ 民国云南省民政厅档案，"少数民族调查"，卷宗号"11—8—10"，云南省档案馆馆藏。

山高谷深，河流纵横湍急，这种地理条件使各个地方被分割为互相封闭的区域，限制了人们的相互交往，阻碍了内地及沿海地区文明风尚的顺利传入。据（乾隆）《开化府志》卷之九记载："倮儸（今彝族）无书契，木刻纪事，疾病不药，卜而祭之。"① 维西县之纳西族"又信巫，凡疾病不服药"。② 在信奉小乘佛教的傣族地区，佛寺即是开放的学校，男孩子七八岁就出家人寺当和尚，经数月或若干年后还俗，在寺期间首要的是学习傣文和佛教经典。在佛海县"凡摆夷所居村落均建一缅寺，供奉释迦牟尼，佛子弟幼特皆送入缅寺，有所谓大佛爷教授"。鉴于佛寺缺少关于现代科学知识和科学技术的教育内容，教育对象也只限于男性，"自民国改区设县后开办学校，始渐引诱送其子弟入校读书，然畏难进步少"。③ 上述史料表明，近代云南在接受近代科学技术方面，由于受自然地理、语言文化及宗教习俗的影响，致使有关现代科学知识和科学技术难以在这些少数民族中传播，传统社会风尚便难以向近代文明风尚转向。

（四）呈现出与政治密切相关的历史阶段性

受自然地理环境的限制，清末民初云南社会风尚的变迁与沿海地区相比明显滞后，抗日战争时期云南作为抗战的后方重镇，随着沿海及内地大批人员和企业的迁入，以昆明为中心的云南城市社会风尚的变迁又渐趋近其至领先于沿海地区社会风尚变化。而这些阶段性变迁无不与政治密切相关。

---

① 云南省编辑组编：《云南方志民族民俗资料琐编》，云南民族出版社1986年版，第14—15页。

② 同上书，第62页。

③ 民国云南省民政厅档案，卷宗号"11—8—7"，云南省档案馆馆藏。

在一定的社会生产方式下，生产状况决定社会风貌，社会风尚总是反映着一定时期的社会现状。云南，作为一个西南边疆民族省区，因其早期现代化晚于沿海地区约半个多世纪，其风尚变化也明显晚于沿海发达地区，且变化的区域主要集中在蒙自、思茅、腾越（今腾冲）、昆明、大理、普洱等口岸开放城市及交通条件较为便利的城镇，大多数农村"现代化"的足迹事实上到 1949 年中华人民共和国成立前还没有出现，社会风尚大都保持着古旧风貌。如物质生活中的服饰风尚，19 世纪 60 年代有人记述上海的服制之风，"近来风俗日趋华靡，衣服僭侈，上下无别，而沪为尤甚"。① 1874 年《申报》上也有竹枝词讽咏当时流行的身份低贱者却穿红着缎、鲜服华舆等逾制僭越的风气："红风兜，耀日头，舆台皂隶等公侯。""青缎褂，太假借，服之不称庞然大。""竹轮车，装饰华，京师乘者为王爷。何物狂奴妄豪奢，笞杖罪应加。"② 而距昆明较近的嵩明县"县属衣饰向称俭朴，民国以来亦多沿旧制，然因贫富不同不无差别，做客时富者服缎呢袍褂，次者服粗布蓝衫罩马褂，贫者仅服粗布蓝衫而已，女子则服红绿然多系粗布染色者，平时则上自达官下及庶人率多服粗布，惟工商多著短衣，士人多著长衫，此其稍异耳。近因国家变更礼制及外货运入，始有著西装戴平顶草帽洋毡帽者且服色式样漫无限制，衣饰之阶级完全打破，除中学生常著制服及公务人员偶著制服外，其余衣服式样并不划一，县城方面又有少数青年男女好为奇异之装，服短小之衣，恬不为耻"。③ 从上述材料不难看出，在上海

---

① 王韬：《瀛壖杂志》，上海古籍出版社 1989 年版，第 10 页。

② 《咏洋场僭越四事》，《申报》1874 年 2 月 3 日。

③ 李景泰等修，杨思诚等纂：《嵩明县志》，1945 年铅印本。

19 世纪 60 年代就已出现服饰僭越之风,但在云南直至民国以后衣饰之阶级才完全打破,而这还主要归因于政府变更礼制的行为。

抗日战争时期,随着时局的剧烈变动,为了民族之生存,文化之保护与发展,更为了争取抗战的最后胜利,华北、华东、华南以及华中的许多政治、军事、文教、工商机构和人员纷纷内迁西南,而云南由于其特殊的地理区位,成为许多内迁部门优先选择的对象。"云南变成了抗战的大后方,平、津、宁、沪的许多高等学校和沿海各地的工商企业纷纷迁往昆明,几十万沦陷区的同胞逃到云南来。昆明一时百业俱兴,空前繁荣起来。"① 大量不同社会阶层、不同文化层次的外地人口进入云南,"使东西两部风俗得到接触的机会。不仅使一般人民知道全国风俗的不同,而且因互相观摩,而得改良的利益"。② 这一时期的云南成为当时全国经济、文化发展最为迅速的地区之一,以昆明为中心的云南城市社会风尚的变迁逐渐趋近于沿海发达地区,甚至在社会风尚某些方面领先于全国变化。

由于社会风尚的产生是社会成员互动的合力结果,是人的活动,因此人们交往的变化一定程度上推动了社会风尚的变迁,是社会风尚变迁的重要动力。抗战时期大量外地人口进入云南,人口流动对社会风尚所带来的推动效应逐渐显露。较为明显的就是以昆明为中心的城市社会风尚的变迁渐趋近于沿海发达地区社会风尚变化,如抗战期间的西南联大"学校附近有

---

① 孔庆福:《抗战时期西南的交通》,云南人民出版社 1992 年版,第 238 页。
② [美]白修德、贾安娜:《中国的惊雷》,世界知识出版社 1986 年版,第 17—18 页。

一湖，四围有行人道，又有一茶亭，升出湖中。师生皆环湖闲游。远望女学生一队队，孰为联大学生，孰为蒙自学生，衣装迥异，一望可辨。但不久尽是联大学生，更不见蒙自学生。盖衣装尽成一色矣。联大女生自北平来，本皆穿袜。但过香港，乃尽露双腿。蒙自女生亦效之。短裙露腿，赤足纳双履中，风气之变，其速又如此"。[①] 以至于"一个刚来昆明的生客，看到了这些少爷小姐们的服装，听到了这些少爷小姐们口中所唱的'何日君再来'或'小鸟依人'的歌调，真以为是置身于上海或香港，而做梦也不会想到是在这古色古香的半开化的昆明的！"[②]

以昆明为中心的云南社会风尚的变迁引领全国社会风尚的主要表现莫过于昆明成为抗日民主运动的一面旗子，并荣获"民主堡垒"的称号。1938 年，北京大学、清华大学和南开大学辗转迁移来到云南，成立了西南联合大学。这三所大学均属全国名校，许多师生是"五四"运动和"一二·九"运动的参加者，具有光荣的革命传统。加之其他内迁高校的到来，大批的专家、学者、文化名人云集昆明。他们的到来，对于在云南建构爱国、民主精神，产生了强大的推动力。他们创办各种抗日刊物，组织和运用歌咏、戏剧、讲演、壁报等进行各种形式的宣传活动，他们演唱的《毕业歌》、《流亡三部曲》、《大刀进行曲》等歌曲，很快就在群众中广泛流传，起到了激发群众爱国热忱，鼓舞斗志的作用。据记载："中山大学在澄江期间，师生们于教学之余，积极开展演话剧、举行晚会、报告会、出

---

① 钱穆：《八十忆双亲·师友杂忆》，生活·读书·新知三联书店 2005 年第 2 版，第 206 页。

② 王稼句编：《昆明梦忆》，百花文艺出版社 2002 年版，第 339 页。

墙报、画刊等抗战宣传活动。对鼓舞群众的抗日情绪，改进社会风气，破除封建迷信起了很大作用。"① 在他们的直接推动和参与下，云南先后成立了各种抗日救亡组织，有"云南学生抗日救国会"、"云南各界抗敌后援会"、"中华民族解放先锋队"、"云南妇女抗敌后援会"、"云南青年抗日先锋队"等公开和秘密组织，成为宣传抗日救亡的中坚。同时，在中共云南地下党组织直接组织和领导下，内迁者又对国民党实行一党专政，压制民主，实行种种思想禁锢的言行，进行了猛烈的抨击，使这一时期以昆明为中心的云南社会风尚表现出了强烈的民主性和爱国性，推动着全国爱国民主运动的高涨。

综上可知，云南作为中国西部内陆的一个边疆多民族地区，在社会急剧转型的近代，其社会风尚的变迁有与东部沿海地区相似的或共同的特点：都是在西方文化的冲击影响下发生了不同于近代以前的质的变化；都是由城市（镇）到乡村、由社会群体的上层到普通民众的阶段性推进；都具有显著的城乡差异、群体差异，同时在变化的过程中呈现出多元、多种性质并存的状态，但也有因自然地理环境不同而呈现出西部边疆的独特性，即交通条件的改善是近代云南社会风尚变迁的契机；近代中国文明风尚对边地影响较弱，边地平民社会风尚多古朴守旧，而少数民族中的土司及贵族则明显表现出汉化或洋化的双重趋向及与政治密切相关的历史阶段性；因居住民族的多样性而呈现"超前"与"滞后"的二重性特征。近代云南社会风尚变迁的这些特点不仅反映了从传统到现代的近代社会转型之

---

① 云南省政协文史资料研究委员会编：《云南文史资料选辑》第五十三辑（内迁高校在云南），云南人民出版社 1998 年版，第 192 页。

特征,体现了在近代社会转型中包含的整体与局部、急剧或缓慢、多样性和差异性的种种变化,也标示了表征于人们衣食住行等日常生活中的社会风尚是研究近代中国社会转型的重要视阈。

第 四 章

政府与社团在云南新型社会
风尚渐趋稳定中的作用

　　从近代云南社会风尚时而缓慢、时而急剧的百年变迁中，我们不难看出晚清与民国这两个阶段，在整体上已显现出完全不同的时代风貌与风气征候。而近代中国特定社会风尚之所以能够由风行渐至稳定，对后发现代化国家来说，其自上而下政府主导的改革显然起着决定性的作用，即各统治者为维护既有统治地位，就不能不顺应世界近代化潮流的内在要求而努力追随其经济一体化的发展趋势。而政府政策制度的有效落实离不开广大民众的理解和认可，其时民间社团具有贴近社会的特征决定了其协同配合必不可少。从史料情况，也可看出这与当时各届政府和民间相关社团的作用是紧密关联的，即在近代云南社会风尚逐渐转化和演变过程中，政府与民间力量发挥了促成稳定的积极作用。当然，在近代云南社会风尚变迁的运动中，就政治权力层面的作用看，中央政府由于有着对国家宏观发展及走向的最终决定权，因而也在前述的动力来源上发挥了更为主动和关键性的作用；但从政策的执行和在地区内的推广，以及最终成形来看，则离不开地方政府和民间组织于横向上向市、县、乡、村各层级渗透的具体细微的主观努力。

一 政府在云南新型社会风尚渐趋稳定中的作为

政府，作为从社会中产生、凌驾于社会之上的力量，具有政治、经济、文化和社会生活等各方面的职能和角色。在许多处于现代化之中的国家里，政府"首要的问题不是自由，而是建立一个合法的公共秩序。……必须先存在权威，而后才谈得上限制权威"。① 波齐认为：在整个近代国家发展过程中，法律构成了政治过程有特色和有意义的（尽管很少是决定性的）部分。② 政府在推动云南新型社会风尚传播与发展的过程中，其职能主要是运用公共权威制定政策法令，颁行各项措施。

晚清与民国因在政治体制、意识形态、治国方略等方面存在差异，所以不同时期的政府在云南新型社会风尚渐趋稳定中的作为也明显不同。但有一点是相同的，即政府必须不断使适应时代发展要求的新型社会风尚渐趋稳定以推动经济、政治和文化的发展。

（一）晚清政府推动近代新型社会风尚传播与发展的举措

晚清时期，云南生产生活环境的改变，引起了人们生活方式的变化，出现了如崇尚科技之风、从商之风、尊卑失序、女子进入学堂等社会新风尚，孕育产生了近代市场意识、近代工商观念、社会平等观念，同时导致封建传统旧风习衰败。为适

① ［美］亨廷顿：《变化社会中的政治秩序》，王冠华等译，上海人民出版社2008年版，第6页。

② 波齐：《近代国家的发展》，商务印书馆1997年版，第130页。

应社会发展，也为树立政治权威，建立合法的公共秩序，晚清政府颁行了一系列推动近代新型风尚在云南传播与发展的政策、法令和措施。

1. 振兴工商业，为近代云南新型社会风尚的传播与发展奠定物质基础

近代云南新型社会风尚是在近代云南由农业文明向工业文明转型的过程中，伴随资本主义工商业发展而出现的，因此，从这个意义上而言，近代工商业是新型社会风尚传播和发展的基础。

清末的云南，因英法入侵而危机四伏，边衅不断，尤其是蒙自等商埠的开设、滇越铁路的动工兴建、大量外洋货物的涌入导致利权外溢，在此背景之下，云南有识之士力倡兴办实业以为抵御，再加之自洋务运动开始的清末兴办工商业的风气之影响，云南政府也开始振兴工商实业，云南由此掀起一个振兴近代工商实业的浪潮。

云南当局振兴工商业的表现主要体现为响应清政府的政策倡导，支持私人投资办厂，同时切实指导并规范他们的行为，以利于发展和保护工商业。

中日甲午战争后，清政府以谕令的形式发布国家对工商业的基本政策，其主要内容有两个方面：第一，开放禁令，允许私人投资办厂。开禁的范围既包括一般的军工、民用企业，也包括铁路及矿务等领域。第二，为消除官商隔膜，实行官方倡导、保护的政策。清末新政时期这一政策得到扩大推行。云南当局根据清政府发展工商业的政策，积极保护和支持云南工商实业。比如：就范彭龄举办的火柴厂，云南总督饬劝业道："该举人等为保持利权起见，或渡海求学，或鸠赀倡办，所造之物竟能媲美日货，自属可嘉，应准禀立案，责成该令随时保

护，以资提倡。"至 1910 年 6 月 9 日，在范彭龄所办火柴厂因失火上陈恳求"借助银两万元……重整旧业"时，劝业道为此事饬建水县"就近查明该公司所禀各节，如果不虚，据实禀候核夺，一面饬令传集绅商为之劝导，以资群策群力，输集股要而兴商务，事关提倡实业毋得视为具文，仍将查明，并劝导情形，具覆核夺，切切特札"。① 尽管最终云南政府以"与目前经济情形不合"而没有将两万元借助于火柴厂，但我们从中不难看出，云南政府还是极力想办法试图通过劝导绅商集资以解决其重整所需资金问题。

同时，针对有识士绅兴办工商实业的行为，云南政府不仅从精神层面上对其肯定，还进行切实指导并规范他们的行为。如就商民王子厚等集股设裕通火柴公司请准立案并请"予专利"一事，1908 年 12 月 9 日云贵总督锡良饬劝业道批："商民王子厚等拟纠集股本银三万设立裕通火柴有限公司，藉以挽回利权振兴实业，其志可嘉，自应准予立案。惟火柴系属仿制，并非独出心裁，照章不能专利……该公司果能成立，勿患获利不丰，不必斤斤于专利也。"② 而且针对商民们的"非得有专利，不能保其隐固"的思想，总督和劝业道均给予正确引导，其中对扬日升等请设柴炭公司的批复特别强调"非谓一设公司便有专利之权，况柴炭为四民日用所必需，尤不容垄断滋弊，所请应不推行"。③

政府规范近代工商实业的另一个表现是对于私人所申办实业从试办简章到资本投资情况等在立案前均认真核查。如云南

① 吴强编选：《清末官商大办实业》（档案史料），《云南档案》，1998 年增刊，第 83—84 页。
② 同上书，第 75 页。
③ 同上书，第 76 页。

劝业道对"职商候选州同知刘椿等禀开办火柴实业恳赏准保护立案"的批复,其中就要求另禀"究竟制出火柴能否与洋货争胜……此项资本系属合资,抑系股份合资,每人集若干,股份每股定若干,现在已集若干,均应呈明方能立案试办",1910年3月20日刘椿等按上述要求再禀后,于1910年3月31日劝业道牌示刘椿等批:"据禀以五人合资一万元创办昌隆火柴公司,请先立案试办等情,尚属妥协。前呈试办简章,亦属可行,应准立案试办,一俟办有成效,即拟章呈候核明详咨注册以资开办,而可享一体保护之利益也。"①

另外为了有效推动云南工商业的发展,云南奉清政府法令于1906年在省会昆明设立商务总会,县属则有昭通、蒙自、河口等40余属成立商务分会。②

从现实效果和未来影响看,清政府云南当局支持和保护发展工商业的作为一方面使云南经济获得了较快的增长,为云南新型风尚的传播与发展奠定了经济基础;另一方面则鼓励并推动了兴办实业尤其是崇商风尚的流行,深远地促进了云南风尚向近代的转变。

2. 兴办新学,为趋新风尚的传播创造条件

戊戌变法期间的设学计划虽因变法的失败而受挫,但实际已造成很大影响。正如梁启超所言:"政变以后,下诏废各省学校,然民间私立者尚纷纷见,亦由民习已开,不可抑遏。"③

---

① 吴强编选:《清末官商大办实业》(档案史料),《云南档案》1998年增刊,第80—81页。

② 参见陈征平《云南早期工业化进程研究:1840—1949》,民族出版社2002年版,第240—241页。

③ 梁启超:《戊戌政变记》,丁酉重刊本,第272页,转引自王晓秋、尚小明主编《戊戌维新与清末新政——晚清改革史研究》,北京大学出版社1998年版,第176页。

鉴于此，清末新政时期，清政府于光绪二十七年八月（1901年9月）通谕各省大、中、小学堂。又谕政务处将袁世凯所奏山东学堂事宜及试办章程通行各省仿照举办。次年二月（1902年3月），清政府再次谕令各省妥速筹划学堂，并将开办情形详细具奏。① 于是"滇省自光绪二十八年（1902）亦已遵章筹设学堂，迄宣统间，始粗具规模，计先后设置中等以上学堂数所……"② 其类别主要有师范学堂、专业学堂（包括方言学堂、东文学堂、法政学堂、工矿学堂、农业学堂、商业学堂、速成铁道学堂等）、军事学堂、女子学堂等，其中女子学堂的兴办尽管本着"期于裨补家计，有益家庭教育为宗旨"，其学科设置却已内含近代教育因素，如女子师范学堂的学科为"修身、教育、国文、历史、地理、算学、格致、图画、家事、裁缝、手艺、音乐、体操"。③ 因此女子学堂的兴办是女性接受近代教育的开始，更是女性走出家庭步入社会的契机。

在新学办理过程中，鉴于"各属官绅、士民不明定章宗旨办法。动以地瘠款绌，无力多设，以及无款可筹为词。于是规模狭隘"的情况，于光绪三十一年（1905）九月二十九日云南总督、云南提督学院发布了饬各属照章举办学堂的告示，指出："不知按照章程，并未概责官立，不过由官□率考成而已。故除初等小学堂、两级师范学堂之外，其余各学堂须令学生补贴学费。"并强调"现既钦奉谕旨，亟应钦遵，通饬各地方官绅，查照奏定章程……多建学堂，慎选师资，广开民智。除札

---

① 王晓秋、尚小明主编：《戊戌维新与清末新政——晚清改革史研究》，北京大学出版社1998年版，第176页。
② 周钟岳著，李春龙、王珏点校：《新纂云南通志 六》，云南人民出版社2007年版，第602页。
③ 同上书，第601页。

处通饬各府厅州县，摘录学务纲要，奏定章程详明示谕，督饬遵办外，合行会同晓谕。为此，示仰阖省绅士军民人等一体知悉。自示之后，即便查照。现在通行奏定学堂章程、学务纲要，从速遵办。……慎勿再事观望……"。①

同时，云南政府为了较好管理新学堂，亦通过设立行政机构，充分发挥其调控职能，从而推动了新学的发展。光绪三十二年（1906），部议设立学务处，总理全省学政，学务处之组织，置总理、总参议各一，下设专门教育、普通教育、实业教育等六处，各司其职。②"光绪三十三年（1907），学部奏设提学使司，统辖全省学务。将旧有之学务处裁撤，改设学务公所，隶属提学使司。提学使虽为督抚，然有督饬地方官办理学务及奖惩勤惰之权……此外，又于提学使下设省视学六人，承提学司之命令巡视各州、县学务。"③

随着新学的创办，自光绪二十七年（1901）起，云南当局也开始派遣学生到外省和外国学习。在国内，除于1901年开始送学生到北京京师大学堂等学校学习外，国外留学生，则开始于次年，1902年派遣留日学生，继后又陆续派遣学生留学越南、缅甸、比利时等国，先后200余人，其所学专业皆是与近代"新学"相关的法政、实业、铁道、建筑等。

晚清政府废除科举，兴办学堂，提倡到外国留学等措施，给新学以合法地位，在很大程度上扩大了与封建文化相对立的

---

① 《澜沧上猛允世袭土职刀氏残档》，《云南档案史料》1988年第3期，第17—18页。

② 参见周钟岳著，李春龙、王珏点校《新纂云南通志　六》，云南人民出版社2007年版，第602页。

③ 周钟岳著，李春龙、王珏点校：《新纂云南通志　六》，云南人民出版社2007年版，第603页。

新学的传播，一批同封建士人不同的新式知识分子就是从新式学堂和留学生中涌现的，他们是云南近代工商观念、民主自由平等新型风尚传播的主要力量。

3. 推行地方自治，直接促进近代思想观念的传播

依据清政府的地方自治政策，云南政府于"光绪三十四年（1908）三月，开办云南全省自治总局……附设自治研究所，通饬各府、厅、州、县，选送地方负有声望士绅入所肄习，名曰学员；毕业之后，分派各府，设立自治传习所。各厅、州、县设立自治宣讲所。其时全省各地方，均已宣传殆遍"。① 之后，在政府倡导下云南各地纷纷筹备自治公所，如据"国民党云南省政府、民政厅、财政厅、建设厅、教育厅、秘书处"档案记载，"署云南府昆明县知县、筹备地方自治公所监督陆飞鸿谨禀：……查筹办自治公所，借设于永宁宫内……并附设自治研究所"。②

推行地方自治直接促进了地方风尚的改良，为近代思想观念的传播创造条件。在清末地方自治运动中，居统筹地位的中央认为办理地方自治以改良风俗为要务，遂拟定六条章程，电饬各省核办，即推广教育、鼓吹文明、保卫团体、研究实业、劝化迷信、禁革陋俗。③ 在这一总的宗旨指导下，各地自治团体的活动均以改良风俗为己任，如"云南总督部堂锡批：……兹该绅等，联合同志组织公会，以自治为主义，立自强之基础。洵足辅官力之所不及，自今以始，破晏安鸩毒之迷，复女子履圆之旧，斯诚全滇之幸福也。……云南布政使司刘照会：

---

① 昆明市志编纂委员会：《昆明市志长编》卷七（内部发行），1984 年版，第 305—306 页。
② 同上书，第 307 页。
③ 参见《电饬改良风俗》，《大公报》1906 年 7 月 12 日。

按准贵绅等呈创设戒烟天足自治公会，拟具总分各章呈请核示，立案到司准此"。①

4. 移风易俗，为新型社会风尚的传播与发展扫除障碍

晚清云南政府进行的移风易俗主要在清末新政时期。尽管新政的重点集中在军事、教育、经济方面，但移风易俗作为社会改革的内容，因关系到新政能否顺利进行也引起了清廷的重视，尤其在禁鸦片、戒缠足等方面，政府亦投入了较大的精力。

云南当局在禁烟、放足方面力度较大，不仅政策上提倡，而且还给予资金支持。如戒烟天足自治公会"具公呈候补四五品京堂王鸿图，丁忧前贵州提学使陈荣昌，丁忧翰林院庶吉士李坤，丁忧吏部主事陈度等，为创设戒烟天足自治公会，以祛弊害，而图自强，公呈请立案核示事……幸奉明诏劝戒缠足，又得督帅提倡于上，筹发陆百金作充经费。……"② 又如，对地方绅耆设立"不缠足会公所"禀，督院宪批："中国女子缠足有害于众国，无益于人生，前款奉皇太后懿旨，当即转行通饬在案，据禀前情，系为力挽薄俗起见，洵足以正德厚生，所请于会城设立公所，仿照各省章程办理，自属可行，应即照准，仰云南布政司会同善后局饬候会核出示，并饬行各属，一体劝戒，务使家喻户晓可也。"③

总之，官方运用政府权威为移风易俗提供财政、政策等方面的支持，保证了其有效地开展，在革除旧习方面起到了较为积极的作用，一定程度上扫除了云南新型风尚传播与发展的

---

① 昆明市志编纂委员会：《昆明市志长编》卷七（内部发行），1984 年版，第 311 页。

② 同上书，第 310 页。

③ 同上书，第 312 页。

障碍。

（二）民国政府促使云南新型社会风尚渐趋稳定的努力及特点

民国开国，呈现在人们面前的是亘古未有、令人耳目一新的局面：国体变了，政体变了，治国方略也变了。一系列旨在改变生产生活观念、方式的改革政策和措施相继颁布，较晚清而言更也广泛性和深入性且力度更大，大大促进了云南新型社会风尚的渐趋稳定。

1. 着眼于现代化①的要求，发展工商实业，一方面夯实了新型社会风尚存在和发展的物质基础，另一方面也直接推动了近代新型风尚的传播与发展

首先，蒙自开关后，云南与沿海及周边国家和地区的联系逐步加强，开始由一个较为封闭的省份转变为一个开放的省份，开放的观念意识逐步增强并日益成为一种风尚，政府亦适应这一现代化的要求制定政策甚至直接参与这一进程。民国二年（1913）十二月为维持工商实业发展、扩大土货输出，以蔡锷为首的云南地方军政府发文规定："凡诚实可靠商家，无论为个人、为团体能采办本省大宗物品迳运外国销售，资本薄弱者，可请由本省政府，经查实后，饬定富滇银行，以最轻利息，照银行贷款办法量以借助；可请本省政府代请免纳或减征内地厘税若干年；欲运往何国何埠销售，可请本省政府咨请外

---

① 本处的现代化与蒋廷黻主张的"现代化就是科学知识、科学技能、科学的思想方法之普遍化"基本一致，主要是一种心理态度、价值观和生活方式的改变过程，换句话说，现代化可以看作是代表我们这个历史时代的一种"文明的形式"，属于思想与行为模式范畴，是社会的深度层面。参见罗荣渠《现代化新论———世界与中国的现代化进程》，商务印书馆 2004 年版，第 15、17 页。

交部转行派驻该国外交人员力予维持保护；如有在本省或外省与洋商争执纠葛重大事件，可请本省政府有关人员为之交涉解决。"① 该办法不仅从资金上给予支持，税收上酌情给予减免，而且还为在国内外从事商品交易的商家提供相应的保护与协调措施。同时，为加强不同国家与地区的经济交流，云南地方政府还积极组织创办或动员参加各种商品赛会，据民国云南建设厅档案和民国云南省商会档案记载，自1912年至1945年云南省共参加或举办各种商品赛会多达20次以上，由1920年前以参加外国举办的为主转为1920年后以本省举办为主。② 显然，政府的政策及行为在有力促进云南对外商品生产与交换的同时，对越来越多的商人树立国际竞争观念和培养开放意识也不无裨益，极大地推动了近代新型社会风尚在云南的传播。

其次，支持和鼓励工商业科技发展与进步。云南省政府至1938年已制定包括奖励工商的规章、办法、条例多种，其中涉及工业方面奖励对象的内容主要有：采用外国最新方法率先在本省一定区域内制造经检查属实者；改良或创制农具及交通工具确于民生有益者；擅长特别技能、制品精良、为他人所未发明者；应用机械或改良手工制造货物能与外货竞争者；应用已有之特殊方法在本省仿造者；对于各种制造品有特别改良者；等等。从奖励的办法来看，主要是颁发各种奖章、奖状或准予专利等。如1932年因个旧锡务公司采用机器生产精炼纯锡，云南国货展览会为其颁发了优等奖状；1939年，因顾毓珍发明循环式氯化钙法制造高浓度酒精而奖励准予专利5年。③

---

① 民国云南省建设厅档案，卷宗号"77—5—194"，云南省档案馆馆藏。

② 参见陈征平《云南早期工业化进程研究：1840—1949》，民族出版社2002年版，第243—244页。

③ 同上书，第245—246页。

此外，政府支持科技发展与进步还体现在其把对发展实业的管理纳入科学规划的轨道之中。如建设厅 1938 年的工作报告认为，云南矿业，当此抗建时期，如能先期调查入手，依科学程序计划开采，有裨于国家前途，并要求在勘探矿中扩充化验事项。探获矿石，与呈报领导各种矿产，均应先事化验，以明组合之成分，而作弃取与计划开采之标准。①

云南政府对工业生产发明创造和科学技术进步的重视大大推动了云南实业的现代化，也促进了人们思想观念的现代化，为近代新风尚的传播创造了物质基础和思想条件。

2. 积极发展教育，为现代新型文明风尚传播提供人力支持和智力支持

一般来说，人们往往因所受教育不同、文化程度不同在自觉传播近代新型文明风尚的过程中所起的作用也有很大差异。政府鉴于云南现代化发展对人才的需求而发展教育的举措，为新风尚的传播与发展提供了人力支持和智力支持。首先是发展正规教育，这其中包含了大、中、小学教育在内。② 就高等教育而言，政府在向国内及国外公派留学生的同时，重点发展了本省的高等教育。政府发展的高等教育主要有公立法政专门学校、国立云南大学、省立英语专科学校、省立体育专科学校、留美预备班，以及战时迁往云南的 11 所公私立大学等。至1938 年，国内外高等教育毕业学生合计为 2650 人，所学专业

---

① 参见陈征平《云南早期工业化进程研究：1840—1949》，民族出版社 2002年版，第 249 页。

② 对云南社会风尚近代变革起重要推动作用的主要是高等及中等教育，而在边地则主要是小学教育，即边地教育，因而本书正规教育只论及高等、中等教育和边地的小学教育。

涉及农、工、医、理、法学、文学、商学、教育等 10 多个门类。① 中等教育方面，"计有中学校、师范学校、职业学校三种设置，均创设于清末，入民国后，继续办理，力谋分图发展，数量亦渐增加"，② 至 1938 年各类中学有 168 所，在校各类学生为 20189 人。③ 这些接受了现代化知识的新式学生，代表着云南当时最先进的生产力，因此是谋求云南现代化和推动近代文明风尚发展的先锋。

　　针对本省毗连缅、越、康、藏，原住民复杂的情况，"省府为谋内地及边地教育文化之均衡发展、以唤起边胞民族意识，使其增强国家观念起见，曾先后厘定《云南省政府实施边地教育办法纲要》（二十四年四月公布）及《云南省政府教育厅实施苗民教育计划》、《边地简易师范及小学设学概要》……"④ 政府边地教育的强力推进使一些少数民族如广南县的花苗"其族类中纯良向化者十居二三占多数"、黑扑喇（彝族支系）"民国以来，乡村普及教育，该族已入学读书识字者虽少，然礼节稍通"。⑤ 景东县的倮倮（今彝族）也因"逐渐创办学校与教育，亦颇知爱国"，⑥ 佛海县的摆夷（今傣族）"自设治以后设学校、修道路及其他各种庶政，人民稍渐移化，较之临近各县而更开通，且以商务之发展为边地商业之中

---

① 参见民国云南通志馆编《续云南通志长编》中册，第 839—842 页。

② 民国云南通志馆编：《续云南通志长编》中册，第 843 页。

③ 同上书，第 849—858 页。

④ 同上书，第 884 页。

⑤ 民国云南省民政厅档案，"广南县造报西南边区苗夷民族调查表"，卷宗号"11—8—12"，云南省档案馆馆藏。

⑥ 民国云南省民政厅档案，"景东县边区民族调查表"，卷宗号"11—8—10"，云南省档案馆馆藏。

心"。① 鉴于此良好结果，云南政府于"三十二年四月，奉令加强推行边地教育，乃拟定《本省边地教育三年推进计划》，呈奉核准后，通饬边地三十一县局分别查遵办理……"② 边地教育的推进在开启民智的同时，也使一些近代新型风尚开始逐步传入，如前举例佛海县发展商业之风气。

其次是对在职人员进行各种形式的短期专业性培养。步入近代，云南社会经济活动方式发生了巨大变革，而现代教育却因处于起步阶段而难于跟上社会发展的步伐，从而使短期专业培养的教育模式应运而生，这不仅弥补了当时国民正规教育的不足，而且成为近代教育体制转变中的一大特色。自民国以来，政府曾多次开办过各种短期、临时性的专业培训班或近代知识普及班，如民国初年丽江红教大喇嘛东宝滇清"设立小学校及兴办实业，先行试办农蚕两业合科，恳请保护。经李总司令批准并饬悉心筹划妥拟规则转前学司核准立案。兹闻该喇嘛所筹经费暨设立小学实业各校将招生班数校所并拟订章程诸事妥备，报由丽江府转呈立案"。③ 1914年成立商业讲习所，经费由政府提款酌补及省县商会筹集；1917年云南省长公署训令拟定成立云南实业巡行讲演团；1922年云南实业厅设立甲种、乙种工校等。④ 由上可见当时以实业和教育兴国的浓厚社会氛围，甚至连地处偏远的少数民族地区都受到了这种冲击。

---

① 民国云南省民政厅档案，"西南边区民族调查表"，卷宗号"11—8—11"，云南省档案馆馆藏。
② 民国云南通志馆编：《续云南通志长编》中册，第884页。
③ 《滇夷进化谈》，《申报》1912年10月10日第6版。
④ 陈征平：《云南早期工业化进程研究：1840—1949》，民族出版社2002年版，第256—257页。

3. 各级政府参与移风易俗

民国时期政府倡导移风易俗主要表现为两次，即民国元年南京临时政府颁行的政策法令和 20 世纪 30 年代由内政部发起，全国各省、市、县开展的风俗调查与陋俗改良活动。

民国初年，根据南京临时政府法令，云南在各级地方政府的倡导下从法律和制度层面开始对社会习俗进行改革："创立'天足会'研究正常生理，禁止妇女缠足。提倡剪发剃头，废除满清专制时代男女蓄发编长辫子的陋习。提倡早起，改变以前商业部门到十一时才营业，家庭睡到九、十点钟才起床的懒惰习惯。厉行禁止吸食鸦片毒物，违者拘留罚款，运者卖者处徒刑。破除封建迷信，首先封闭省会城隍庙，禁止往各寺庙烧香拜佛，把于谦城隍偶像送进博物馆。提倡文明礼节，废除跪拜而代之以'鞠躬'。改良制服，取消冬帽、穿袍褂的满洲服装，代之以短装、毡帽，以便劳动操作。注重公共卫生，开始建筑公厕，销毁从前各街道木栅子旁边便槽便坑。禁止随意便溺，违者由警察送往拘禁罚款。禁止赌博，违者没收赌具罚款拘禁，重者处以徒刑。"以致"社会上出现一些新气象……流行'自由平等'、'文明世界'、'改良开通'等口语，洗尽腐败古董气氛，一切都讲究新式、时髦。"①

20 世纪 30 年代，为有效加强对民众的思想控制，由国民政府内政部发起的风俗调查和陋俗改良活动，对云南影响深远。其主要内容有：根据《风俗调查纲要》调查各地生活状况、社会习尚、婚嫁情形和丧葬情形；调查办理禁止男子蓄辫、妇女缠足以及废除卜筮星相巫觋堪舆情形；取缔经营迷信

---

① 李实清、赵生白：《重九起义后的改革措施和社会情况》，《云南文史资料选辑》第四十一辑，云南人民出版社 1991 年版，第 297、297—298 页。

用品业；禁止蓄奴养婢；废除旧历，普用国历；等等。并颁布
禁止"风俗之害"、改良社会风俗的法令，如《禁烟法》、《禁
止男子蓄辫条例》、《禁止妇女缠足条例》、《废除卜筮星相巫觋
堪舆》等等，① 有些活动一直延续到 40 年代。云南民政厅档案
中就现存大量 20 世纪 30 年代的各县风俗调查纲要、各县呈报
风俗调查表、40 年代的各县改良风俗情况、各县呈报改善不
良风俗报告、通令集团结婚卷、各县限制早婚报告、各县禁止
妇女缠足等。② 由其中内容不难看出，政府在改良社会风尚中
的态度、努力及作用，如丽江县县长在"为呈报事案准县属参
议会函开径启者"中就论及其对不良风尚的态度，即"近今以
来社会烦杂，风俗浇漓，甚有廉耻道丧□佚……念及此殊堪痛
恨，若不积极改良，不足以保存其固有之美德……"③ 车里县
民国三十三年（1945）七月至十二月查禁民间不良习俗工作报
告表显示：崇拜神前（权）迷信方面，过去状况：夷民迷信神
鬼习性深沉，非朝夕所能改正者；实施成绩：限制大量赕佛之
消耗，经切实宣传劝导过来已稍著成效；妇女缠足，过去状
况：仅山居汉族妇女三十岁以上者尚有此种恶习；实施成绩：
10 岁上下女子已无缠足之风；蓄养婢女，过去状况：仅宣慰
土司官亲有子孙世代奴婢之恶习；实施成绩：已遵照将原有奴
仆改为雇佣。④ 把风俗改良作为政府工作的一项重要内容更足
以显示出政府的重视，如"云南省县政建设三年实施方案顺宁

---

① 参见严昌洪《20 世纪中国社会生活变迁史》，人民出版社 2007 年版，第
492、494 页。

② 参见民国云南省民政厅档案，卷宗号"11—8—114、115、116、117、121、
122、123、91、94、95、96、97、100、101、102、104"，云南省档案馆馆藏。

③ 民国云南省民政厅档案，卷宗号"11—1—856"，云南省档案馆馆藏。

④ 民国云南省民政厅档案，卷宗号"11—8—116"，云南省档案馆馆藏。

县政府工作概况"中"关于风俗改良事项"明确指出："顺境妇女缠足之风，向为不盛，此次奉令严禁，列为四大要政之一……现已一律禁绝……为防止故态复萌，责成各区区长及公安长警，继续查禁，并派员明密巡查，如再发现缠足妇女，定即严加惩罚，务期根本禁绝……"① 云南省政府针对各地具报的查禁不良风俗情况，制定规范表格，派员深入当地进行实地察看情况是否属实，并采取强力措施以制止瞒报漏报等虚假行为。比如在禁止妇女缠足方面就详细制定了视察员报告表及解放缠足事项成绩表（见表4—1和表4—2），表中"办理情况"为空栏，原档案如此。

表4—1　　云南省政府政务视察员视察第×区××县
严禁妇女缠足报告表

事项	办理情况	附记
该属境内向来有无妇女缠足恶习		
如有缠足恶俗其风盛否并是否全境皆然		
该地方官于劝导期内曾否认真劝导，其劝导方法如何		
该地方官于解放期内曾否认真劝令解放，实行解放者究有若干人		
该地方官于检查期内曾否认真检查，其检查情形如何		
现在展限期过是否实已一律禁绝，如已禁绝该地方官曾否具结呈报		
已经结报禁绝地方其结报是否实在，有无欺饰情弊		
该地方官对于违禁未经解放缠足之妇女是否照章处罚		
地方官强制解放缠足是否依照办法所定妇女年龄分别办理		
视察时曾否发现缠足妇女及有无避匿或违抗情事		

资料来源：云南省民政厅档案，卷宗号"11—8—95"，云南省档案馆藏。

---

① 民国云南省民政厅档案，卷宗号"11—6—80"，云南省档案馆藏。

表 4—2   民政厅第二科考核解放缠足事项成绩表

职别	
姓名	
视察摘要	
审核结果	
成绩等差	

资料来源：云南省民政厅档案，卷宗号"11—8—95"，云南省档案馆藏。

同时，民国时的云南省政府还对办理不力的县份进行惩处，如据民政厅第二科民国二十三年（1934）档案载："查曲靖县解放缠足一案，该县前任县长李慎修办理不力，业经撤任留办亦惩，迨新任罗县长佩荣到任后经着手认真办理，经视察员常旭报告称：罗县长正着手进行第一步宣传劝导工作等语；当以训令饬其于最短期内一律完全禁绝结报在案。"① 显然，较前相比，这次由各级政府倡导的改良风俗深入而广泛，一方面，有效革除了封建旧风习；另一方面，也有力促进了新型社会风尚的传播和发展。

二 社团在稳定云南新型社会风尚中的协同作用——以云南风俗改良会为核心的考察

社团又称民间组织或非营利组织，是现代化所导致的社会结构分化的必然结果。美国约翰—霍普金斯大学在非营利组织

---

① 民国云南省民政厅档案，卷宗号"11—8—95"，云南省档案馆藏。

国际比较项目中提出并采用了"非营利组织的国际分类"（the International Classification of Nonprofit Organizations, CN-PO），① 得到较为广泛的认同和实践，本书所指的社团主要是指按此标准分类的"公民和倡导性组织"（Civic and Advocacy Organizations）。

在中国早期现代化过程中，作为民意代表的社团组织尚处于起步阶段，无论是自身的组织方式，还是参与政治的整合方式都尚显稚嫩。因此社团只能是协同政府作用于近代云南新型社会风尚的传播与发展。

近代，对稳定云南新型社会风尚作用明显的社团主要有：云南风俗改良会（包括各县乡风俗改良会）、云南民治实进会、云南早婚劝诫会、昆明市天足会及各县天足会等几种，其中云南风俗改良会（包括各县乡风俗改良会）改良风俗的内容几乎涵盖了其他几种社团的内容，且影响最大，鉴于此，本章社团部分只着重考察云南风俗改良会。

云南风俗改良会，于"民国十二年十二月，由省会各机关长官发起组织成立，以改良风俗为宗旨。会长为云南省长唐继尧，副会长为滇中镇守使龙云、昆明市政督办张维翰。外有名誉会长八人，评议、干事两部职员共一百余。……举行讲演数次，发行会刊一种"。② 随后各县纷纷呈报成立风俗改良分会，仅民国十三年就有马龙县、路南县、富民县、兰坪县、大姚县等十五有余，③ 接着又有大量县份成立，④ 如建水县"民俗昔

---

①　参见王名等《民间组织通论》，时事出版社 2004 年版，第 18—19 页。
②　民国云南通志馆编：《续云南通志长编》下册，第 139 页。
③　民国云南省民政厅档案，卷宗号"11—8—133"，云南省档案馆馆藏。
④　民国云南省民政厅档案，卷宗号"11—8—134、135、136、137"，云南省档案馆馆藏。

本朴厚，自美雨西来，欧风东渐，沿海奢惰浮夸诸恶习相渐输入，林林总总，竞趋浇薄，言念前途即有不堪设想之势，降及晚近，偏灾迭见，匪患频经，社会生计困难异常……拟照章组织风俗改良会，以黜华崇实为宗旨，互相砥砺，逐渐改良，但求践履之笃实……"禄劝县"……集各界民众组织县属风俗改良会，经拟定简章并于本月（一月）二十日就会所开成立大会讨论一切会务组织及会章……"① 民国二十二年（1933）广南县风俗改良会公布实施细则，民国二十五（1936）年富州县风俗改良会执行委员会召开第一次会议，还有中甸县、曲溪县、镇南县、邱北县等都成立了风俗改良会。② 并且更进一步到乡和保，如昌宁县风俗改良会暂行章则"总则"中规定"本县各级地方机关，均负执行改良风俗责任，县设县风俗改良会……乡设乡风俗改良会……保设保风俗改良会……"等。③ 云南各级风俗改良会的相继成立对于改良云南风俗发挥了重要作用，有力推动了新型社会风尚的传播与发展。

（一）倡导改造摒弃不良风俗，为新风尚的发展创造条件

改良风俗是各地风俗改良会的宗旨，云南风俗改良会宣言开宗明义指出："我们不敢自信有充分改良的力量，却不敢完全放弃改良的责任，所以发起组织云南风俗改良会，集合同志：一方面注重纯粹的研究，一方面又努力实际的进行，不但要砥砺群众的人格，并且要改造四周的环境，使一般人的生活由不经济的，不卫生的，无理性的里面解放出来，竭力发挥人

---

① 民国云南省民政厅档案，卷宗号"11—1—855"，云南省档案馆馆藏。
② 民国云南省民政厅档案，卷宗号"11—1—855、856"，云南省档案馆馆藏。
③ 民国云南省民政厅档案，卷宗号"11—8—114"，云南省档案馆馆藏。

类的光荣，造最大多数的最大幸福。"① 因此，改造摒弃不适宜时代发展要求的不良风俗就成为各地风俗改良会的主要责任。

针对当时云南实际情况，各级风俗改良会均把改革奢华之风作为主要任务，云南风俗改良会"以敦朴、崇俭、黜华、务实为信条"。② 副会长张维翰在风俗改良会演讲中指出："婚丧嫁娶有好些无谓的礼节，无故的浪费……消耗金钱，消耗时间，消耗精力，甚至于平常亲友来往，以奢华相誇，宴会流连，衣服器用力求华丽。"并提出对这种无益于社会发展的奢靡风尚进行改革，认为"现在我们改革风俗是目前最重大的一件事情，人人都负有应分责任"。③ 陈杏圃的演讲则通过婚丧之今昔对比指出现实风气之奢华，他说："从前办一丧事，单以米价说，现在高到十倍。中人之家，遇着一件丧事，就是借债也要勉强做去。以后我们应当改良，遵照风俗改良会规定的婚丧规约招待客，只用'八大碗'，不必用鱼翅海参，还我们云南朴实的风俗。……至于婚事，主人请不起客，也不必多请客……席面也同丧事一样，只用'八大碗'，不许用鱼翅，海参。"④ 鹤庆县风俗改良会也担忧地指出："婚丧庆典，系之改良，大都不计家之有无，不量力之厚薄，竭力铺张，以奢华为荣，上行下效，相沿成风，在殷实富户，固无论矣，而家道清贫者，亦因风俗使然，每多免皮为鼓，不惜变卖典质，或高利借贷，维持门面，有因办理婚丧而致倾家荡产者比比皆是，长此以往，苟不加以改良，不但浪费钱财，抑且有违政府提倡新

---

① 童振海编：《云南风俗改良会汇刊》（第一册），民国十五年（1926）版，第6页。
② 同上书，第217页。
③ 同上书，第9页。
④ 同上书，第11页。

生活实行节约之至意……"① 建水县风俗改良会也"以黜华崇
实为宗旨,互相砥砺,逐渐改良"。针对云南的这一奢华之风,
风俗改良会提出改革措施,如崔尉指出当以劝导强制为前提,
"欲返朴还淳普及全省,非积极提倡不以为治,提倡之法,非
力侍劝导,与采强制二策,尤不能收整躬率物上行下效之功用
也,抑所谓劝导云者,非仅布通告之谓也,夫三令五申,社会
上久视为具文矣,必各长官除一己力行节俭外,于所属机关之
僚属,各速为尚俭会之组织……"②

　　风俗改良会还把劝诫早婚、禁缠足、废娼妓、革除丧礼之
迷信等改革旧习尚作为其重要改良内容,如宜良县风俗改良会
公约第 14 条规定:"男子年满二十岁方准结婚,女子年满十八
岁方准出嫁,并严禁男子与缠足女子结婚。"③ 钱翰奇先生在讲
演《早婚是我们应该拒绝的事》中指出早婚的害处有五:一是
害及本人的生理;二害及事业的上进;三是自增困迫;四是教
养不当;五是子女不能承家,家庭因而堕落。方蔚文先生在劝
诫早婚的演讲中,从个人、国家等方面分析了早婚的害处即
"足以弱种,足以弱国,足以戕身",并举例印度、朝鲜说明早
婚对国家和民族的害处。在赵汉卿先生讲演的《早婚与野蛮
人》中,通过分析"火山老"不如我们的种种表现后,指出皆
是早婚所致,警醒人们早婚的害处。④ 此外,在《云南风俗改

　　① 民国云南省民政厅档案,卷宗号"11—8—114",云南省档案馆馆藏。
　　② 童振海编:《云南风俗改良会汇刊》(第一册),民国十五年(1926),第
64 页。
　　③ 民国云南省民政厅档案,卷宗号"11—1—856",云南省档案馆馆藏。
　　④ 见童振海编《云南风俗改良会汇刊》(第一册),民国十五年(1926),第
24—29 页。

良会汇刊》的"论坛"中还专门研究了早婚的害处及产生的原因,[1] 为劝诫早婚提供理论支持。妇女缠足方面,在政府强制推动下,各县风俗改良会是不遗余力地宣传和倡导。废娼妓方面,桂珊把娼妓称之为"脂粉奴",与黑奴、农奴并称,并从世界人权的角度指出,现今"社会日进,人权日张,黑奴农奴均得释放,享平等之待遇,独此脂粉奴,尚沉沦苦海,无由自拔",进而呼吁"盖国家既有法律禁止,营娼业者即须受法律之制裁".[2] 对于丧礼中的迷信童振海在《辟丧家回煞之迷信及其研究》中首先进行分析研究,进而指出其危害性。[3] 不难看出,风俗改良会在劝诫早婚、禁缠足等改革旧习俗方面的努力,为近代文明风尚的传入及发展创造了条件。

（二）从不同角度劝导改革不良风尚,倡导符合时代发展的新风尚

为了劝导人们黜奢崇俭,不仅从犯罪学角度规劝人们以引起警醒,如张维翰认为"据犯罪学者研究,犯罪的人多半是由奢侈的家庭里制造出来的,这真是很危险的事",[4] 而且还考察历史上国家的兴亡"无源于风俗俭朴",并举"茅菱玉堦,帝尧以兴,金杯象箸,夏桀以亡,四千年来,每逢叔世末世,而有暴君污吏,日倡奢淫之风,上行下效,生活日艰……礼防义范之堤日以圮,而国亦随亡矣"[5] 这样的例子进行佐证。

---

　　① 童振海编:《云南风俗改良会汇刊》(第一册),民国十五年 (1926),第106—121页。

　　② 同上书,第 162 页。

　　③ 同上书,第 156 页。

　　④ 同上书,第 9 页。

　　⑤ 同上书,第 50 页。

从爱国主义角度劝导厉行节约，倡用国货（或土货）以抵制侵略。如昌宁县风俗改良会暂行章则"总则"第1条，"本县为厉行节约，增强抗战力量起见，举凡婚丧庆典及一切奢侈浮靡之费用，均应照本章则规定加以改革……"；① 中甸县风俗改良会规约第4条，"对于婚丧冠祭应从俭朴力戒奢侈：1.凡婚丧酬酢之筵宴概用土八碗，禁用海菜；2.凡衣服器具概用国货……"；广南县风俗改良会实施细则也规定"赔嫁衣物以国货为主，不得奢华耗费"。② 徐权保先生针对滇越铁路通车后云南经济及生活受外货压迫之情形指出："滇人苟自知觉悟，返朴还淳，惟土货是爱，外货且无自而输入，亦安所用其压迫哉？"洋纱的盛行使先生呼吁："推广种棉，最不可缓……俟其产额渐多，即乘时设置纺纱厂。"③ 由司长也提倡不用外货为富滇妙法，他演说道："本省通车以来，奢风日炽……急欲集合市民，共倡俭德，一方面力求工商兴盛，借以购内而抵外，一方面力求耗费节俭用厚财力，举衣食所需，人事所费，非至不得已不用外货，非至不得已不事消耗，可一家行之，固足以聚一家之富力，人人行之，即足以塞无量之漏卮。"④ 唐绍汤呼吁："吾国民苟存爱国热心，非倡用国货，则利权不足以挽回，非拒绝外货则权力不足以对外，此诚医国之良剂也。"⑤

从促进经济、政治、文化发展方面劝导改革不良风尚。吴

① 民国云南省民政厅档案，卷宗号"11—8—114"，云南省档案馆馆藏。
② 民国云南省民政厅档案，卷宗号"11—1—855"，云南省档案馆馆藏。
③ 童振海编：《云南风俗改良会汇刊》（第一册），民国十五年（1926），第33、36页。
④ 同上书，第47页。
⑤ 同上书，第83—84页。

均从下述几个方面论述了奢侈之风对经济之害：[1] 第一则启资金流出外国之弊；第二则启食物易于增加之弊；第三则启地产趋于灾中之弊；第四则妨碍产业发达之弊。并感叹道："今日华丽之风，盖冠绝前古矣，而横流滔滔，且不知其所□，吾是揭其及于国民经济之弊害，以为国人告，便知欲谋经济之发达，不能不并谋矫正华丽之风气也。"王司长在《云南经济紊乱之起因及整理金融之着手》的演说中讲解了勤俭之风尚与解决当时中国经济紊乱之关系，即"切要之发端在勤俭，盖惟勤而后可以提倡实业，增加出口，惟俭，而后可以少用外货，节省财力"。[2] 童振藻在《现在宜制通礼以裁正风俗》中详细讲述了改良风俗与政治文化之关系，如"盖风俗之改良，小之可维持治安，大之可消除革命……近日张亮采著中国风俗史……安知非望有心促进文化整饬政治者只披览采择，便于运用。而北京大学设风俗调查会，其宣言有风俗调查，为研究历史学，社会学，心理学，行为论，及法律，政治，经济等科学上不可少的材料之说。更可为风俗与文化政治有关系之证据。是则风俗与文化政治，既有上项之关系，改良一事，亦属当今之急务焉"。[3] 崔尌亦提出"欲达民生主义之目标须自倡俭始"。[4]

（三）集各方力量，积极促进近代新型社会风尚发展

由于风尚是一种大众行为，可以通过舆论、暗示、模仿等信息交流在人们之间相互影响，因此风俗改良会便集各方力量

---

[1] 童振海编：《云南风俗改良会汇刊》（第一册），民国十五年（1926），第169—173页。

[2] 同上书，第50页。

[3] 同上书，第45—46页。

[4] 同上书，第166页。

来革除旧风尚，倡导符合时代发展的新风尚。

首先鼓动改良会职员从自身做起，以带动广大群众。陈杏圃在讲演中提倡婚丧从俭时呼吁："我想这种风气，先由几家行之，其余自然会跟随改良。最好由我们风俗改良会里面的职员，开始做起。我们云南的风俗自然变奢为俭。"①

其次是借助政府力量，为改良旧风俗提倡新风尚提供切实保障。其主要表现有两点，一是风俗改良会会长、副会长之职务均由政府要员担任，以保障其有效利用社会资源及改良活动的顺利进行。如云南风俗改良会会长为云南省长唐继尧，副会长为滇中镇守使龙云、昆明市政督办张维翰。各县风俗改良会会长基本是县长（或称县知事）担任，如昌宁县"由县长兼会长，警察局长兼副会长……乡风俗改良会，会长由乡长兼任之……保风俗改良会会长由保长兼任之"。② 二是积极响应政府倡导，借助政府权威和强制力推行改革。据档案记载，云南省民政厅于"（民国）三十三年一月十三日民参三字第三十六号咨：略以关于改良婚丧礼俗，以贯彻节约目的一案"，文山县改良风俗委员会"当即查照节约大纲拟定简章通行县属各乡镇并布告人民一体周知，即自布告之日起实施办理，随时加以改良，自推行以来于社会奢侈之风力予纠正与取缔，以符节约之旨……"。③ 通海县重订改良风俗会章程则充分借助官方的强制力推行改良，如针对买卖房屋田产不诚信之风，其中规定："今规定凡买卖房屋田产跟定初立定单履行，倘有借故翻悔而希图要挟者，照例禀官处罚，介绍人需索不遂而从中作梗者亦

---

① 童振海编：《云南风俗改良会汇刊》（第一册），民国十五年（1926），第11页。
② 民国云南省民政厅档案，卷宗号"11—8—114"，云南省档案馆馆藏。
③ 民国云南省民政厅档案，卷宗号"11—8—115"，云南省档案馆馆藏。

照例禀官处罚……以上各条曾经官绅父老讨论议决，兹印就章程分送各乡镇一律实行，倘有违反公约破坏章程者，得由各委员会禀官处罚。"① 宜良县风俗改良会公约的褒扬措施中也充分利用政府合法性资源，其中规定："如有确有急公好义、勇于建设，对于地方有特殊贡献，应由会查明事实呈请政府褒扬。"②

三　政府与社团在稳定新型
社会风尚中的相互作用

在稳定云南新型社会风尚中，政府和社团并不是孤立起作用的，是政府主导下的合作，即代表国家权力的政府利用内生的丰富的政治资源，代表民间力量的社团组织则利用其贴近社会，可以及时掌握社会的需求来为社会提供满意的服务，二者相互影响，共同作用于云南新型社会风尚的渐趋稳定。

（一）政府对社团的主导作用

社团在成立初期，政府对社团的作用主要是为其提供"政治资源"，③ 即从内容上看，包括为其提供国家资源、行政资源、合法性资源。国家资源主要体现在经费上，即政府的财政拨款；行政资源体现于行政架构上，即从中央到地方到基层的强大行政网络；合法性资源体现在被称为"政府情怀"的社会文化环境，即政府对群众极具魅力的权威性。

---

① 民国云南省民政厅档案，卷宗号"11—8—117"，云南省档案馆馆藏。
② 民国云南省民政厅档案，卷宗号"11—1—856"，云南省档案馆馆藏。
③ 龚咏梅：《社团与政府的关系》，社会科学文献出版社 2007 年版，第 171 页。

为了有效动员民间力量以共同稳定符合社会发展要求的新风尚，云南政府为社团提供了各种资源，我们以风俗改良会为例来说明，其主要表现为：

首先，制定政策，促成各级风俗改良会的成立。云南省公署指令第 4963 号，令各县知事，"附呈分会章程一纸等请到署自应照办，除指令并分令为县知事外，合将分会章程令发，仰该知事即便遵照办理，仍将遵办成立情形具报查考"；令云南风俗改良会，呈一件为规定婚丧社交规约请饬各县知事成立分会。之后马龙县、路南县、富民县等相继成立并呈报。①

其次，给予人员、资金和政策支持。政府要员除担任风俗改良会职务外，其职员也被劝导加入，据档案记载云南风俗改良会"欲思有以改良之非群策群力不为功用，是特呈请贵司将所属职员介绍入会，共□盛举，藉挽颓风……"，之后就有民政厅第二科廖崇仁等 9 人经介绍加入风俗改良会。② 资金方面的支持，明显表现是民国十三年（1924）二月二十日，云南省公署训令第 4167 号，令财政司司长王九龄，"案据风俗改良会呈称为会所指定恳请拨给修理费云云，实为公便，计呈预算书一份等情，据此查该会所需修费每月经费可否呈拨给，合将预算书令发，仰该司长即便核议具覆，以凭饬遵，此令，省长唐××"。③ 政策方面的支持更是各风俗改良会存在和发展的重要保障。

再次，实时监督管理风俗改良会的运作。一是督促各县风俗改良会成立，要求呈报并备案查考。如云南省公署指令第

① 民国云南省民政厅档案，卷宗号"11—8—133"，云南省档案馆馆藏。
② 同上。
③ 同上。

7242 号，"令昆阳县知事呈件呈为遵令成立风俗改良会分会日期及选定会员请查核示遵由，呈悉查该县风俗改良会分会既经筹设成立，应予备案，仰即遵照办理"。① 只有经审查合格后方允许执行并备案，如云南省公署指令第 4307 号，是民国十三年（1924）二月二十九日审查云南风俗该良会呈报材料后的回复，该令指出："该会所呈宣言及拟定各项章程均属切要，应准立案，仰即遵照，此令，省长唐××"。② 二是针对其运作过程进行监督管理，促使其良性发展。各地风俗改良会成立后纷纷依照章程因地制宜成立各地风俗改良会章则（或细则），民政厅则督促各地呈送简章并针对各地所报章则认真检查，就其中不当之处责令更正后上报备案，如"云南省民政厅指令贰礼字第 3968 号"令丽江县县长在民国二十六年（1937）五月十八日呈件"查所拟两大纲均尚妥，协准予备案，名称应改为风俗改良会以期一致，仰即转饬遵照"。③ 民政厅查前呈报广南县拟具风俗改良会简章细则后指出"查该会改良事件须以劝戒宣传为主旨不合，罚金又细则分章亦不合式，应饬本人民互相劝戒之旨，另行改订并将细则修正"，之后广南县风俗改良会"依照格式逐条改正，理合备文呈请钧府赐查核呈转备案施行"。鹤庆、富州、镇南、新平等县也都根据"所示各点，逐一修正"并呈送。④

---

① 民国云南省民政厅档案，卷宗号"11—8—133"，云南省档案馆馆藏。
② 同上。
③ 民国云南省民政厅档案，卷宗号"11—1—856"，云南省档案馆馆藏。
④ 民国云南省民政厅档案，卷宗号"11—1—855、856"，云南省档案馆馆藏。

（二）社团的活动对政府的影响

社团是政府改良风尚政策的宣讲者和执行者，并且由于倡导性社团的性质是追求公益，不以营利为目的，"被任为职员时亦纯尽义务"，① 就容易使人产生信任感，一定程度上影响着政府政策的有效执行。如由风俗改良会会议决定呈奉的昆明市市民崇俭公约草案，② 既是有效落实中央节约命令暨省政府限制社会酬酢布告的最好诠释，也是政府将权力移交给风俗改良会，以风俗改良会的名义行使改良风俗职能的表现。风俗改良会通过科学研究，不仅从理论上分析崇俭黜奢的必要，而且还通过职员的带头改良从实践上示范，有力推动了政府改良风俗政策的有效落实。同时，也是在这一过程中，政府的权力得到扩大，而各地风俗改良会上报给政府的改良风俗资料，则扩大了政府的信息渠道和信息量，有助于政府进一步掌握民情民意，制定切合实际的政策和措施。

另外，社团的意见也会有效影响政府的政策。如民国十三年（1924）五月二十日云南风俗改良会鉴于"本会所规定婚丧社交规约业就省议会议场，特开大会公布在案，刻已见诸实行，惟各县尚未成立分会，当即开会议决应请转饬各县照章成立，并已由本会评干两部欢迎各区省视学于视学期间藉便将规定规约宣告……恳请转饬各县县知事于文到日起两个月内成立分会并将办理情形具报查考……"，于同年五月二十六日云南省公署就发布训令第 4963 号，令各县知事"案据云南风俗改

---

① 民国云南省民政厅档案，"云南风俗改良会简章"，卷宗号"11—8—133"，云南省档案馆馆藏。

② 民国云南省民政厅档案，卷宗号"11—8—136"，云南省档案馆馆藏。

良会呈称窃查云云，公便附呈分会章程一纸等请到署自应照办，除指令并分令为县知事外，合将分会章程令发，仰该知事即便遵照办理，仍将遵办成立情形具报查考"。①

　　由上可见，近代云南风尚变迁的过程中，政府和社团作为近代化过程中不可或缺的力量，在近代云南新型社会风尚渐趋稳定方面发挥了重要作用。二者互动互助，其特点是政府主导性突出，在地位、资源上有极明显的优势，对社团的成立，无论是其工作目标制定还是人员配备，都有审核权，而社团对政府的依附则属适应环境谋取发展的权变之策，主要因为在该时期社团还处于发展的起步阶段，缺乏社会资源，同时社团本身的非营利属性使其迫切需要政府的政策和资金支持，因此社团只能通过依附政府而获得生存和发展，这也决定了在促进云南新型风尚渐趋稳定的过程中社团主要是政府政策的"宣讲者和执行者"，而对政府的政策制定影响有限。

---

① 民国云南省民政厅档案，卷宗号"11—8—133"，云南省档案馆藏。

第 五 章

云南社会风尚变迁与近代化

云南社会风尚是社会之政治、经济、文化状况的反映，其近代变化过程亦是社会近代化的过程。与此同时，社会近代化进程引起的这种风尚变迁反过来又为该进程中的其他一些变革推波助澜，适应和推动了该进程的发展，本章主要考察近代云南风尚变迁对云南经济近代化、政治近代化和教育近代化进程的直接或间接的影响和作用。

一　云南社会风尚变迁对近代工商业的促动

马克思指出："人们在生产中不仅仅影响自然界，而且也互相影响。他们只有以一定的方式共同活动和互相交换其活动，才能进行生产。为了进行生产，人们相互之间便发生一定的联系和关系；只有在这些社会联系和社会关系的范围内，才会有他们对自然界的影响，才会有生产。"[①] 社会风尚作为一种特殊的社会关系当然也是生产得以进行的条件之一，而作为生产条件之一的云南社会风尚之近代变迁对经济近代化的作用如

[①] 《马克思恩格斯选集》第一卷，人民出版社 1995 年版，第 344 页。

何呢？

自蒙自、昆明等地开为商埠后，云南的近代化进程开始启动。随着近代工商业城市的兴起、近代工矿企业的建立、近代交通的开辟，云南逐渐打破了封闭隔绝的状态，同其他地区乃至国外有了交流，社会由此发生了一系列近代化变迁，自然经济开始解体，商品经济如潮而起，价值规律和商品货币关系不仅在经济领域起到日益增长的作用，而且日益影响着社会生活，冲击着贬利贱商的传统价值观，传播着西方近代注重经济效益的功利价值观，激发着人们久遭压抑的获利欲望。加之清末新政时期政府改变传统的抑商政策和导向，由抑商转为提倡、保护和奖励，新一代社会精英也力倡重商，种种争利重商之言大量见诸报刊、论著。于是贬利贱商之风衰落，崇利重商之风兴盛，这是近代云南社会风尚的近代化变迁的表现之一。由于风尚与社会之间有着互相作用的辩证关系，因而近代工商业发展引起的这种风尚变迁反过来又促进了近代工商业的发展。

首先，崇利重商之风掀起了从商热潮，带动了商业的发展繁荣。以滇西北为例，民元以后的喜洲，凡社会子弟"自小学毕业后，有力、有人手者，供给升入中学；无力、无人手者，即从实业想办法，请亲友介绍到商号操习商业"。[①] 经商蔚然成风并成为该地区子弟的主要从业出路，鹤庆"城镇的男青年学有一定的文化程度以后，纷纷到下关、昆明，在本地人开的商号'学事'充当学徒、店员、伙计、先生等。在农村大部分男子都从事铁匠、小炉匠以及各种手工劳动，或者养马、赶马，

---

① 杨宪典等整理：《大理白族"喜洲商帮"发展情况调查》，《白族社会历史调查》（四），云南人民出版社 1991 年版，第 300 页。

加入马帮远走各地"。① 丽江经商气氛也很浓郁，丽江大研镇几乎家家户户都有过经商开店的经历。当时"（大研镇）百分之八十以上的人口，主要依靠手工业和商业为其生活来源，约有2500多人从事手工业工人，还有1200多家大小商户（多数为小商小贩），它形成于工商，发展于工商，对纳西族地区商品经济的发展和社会的进步，无疑是有示范作用和历史功绩的"。② 就连"丽江城郊一带的麼些人，与汉族一样的经商致富者，当然不可胜计"。③ 崇利重商之风掀起的从商热潮直接促动了商业的发展繁荣，一方面，使近代滇西北不仅崛起了喜洲、鹤庆、丽江等一些商帮，且不断发展壮大，如喜洲商帮中的永昌祥，其资本到1937年时，账面资本总额已从1917年的32281半开银元上升至1825900半开银元，增长了55倍多，年平均净增90余万半开银元。如扣除半开贬值因素，20年间仍增值30倍以上。④ 同属喜洲商帮的锡庆祥在1930年时资金不过37万半开银元，⑤ 到1940年前后，资本总额已达到1500多万半开银元。⑥ 另一方面，滇西北地区商品经济发展日渐活跃。如1909年丽江市场上，除了供出口途经丽江的黄连、贝母等山货药材外，与民众日常生活直接相关的面纱、粉丝、红糖、腌肉、粗茶、布匹等物资也比较充足。20世纪40年代，

① 熊元正：《清末至民国期间鹤庆的集市与贸易概述》，《大理州文史资料》第六辑。

② 何志武：《近代纳西族的历史发展》，《丽江文史资料》第七辑。

③ 吴泽霖：《从麼些人的研究谈到推进边政的几条原则》，《边政公论》第五卷第二期。

④ 严湘成、杨虹：《永昌祥对外贸易略述》，《云南文史资料选辑》第四十二辑。

⑤ 梁冠凡等调查整理：《下关工商业调查报告》，《白族社会历史调查》（一），云南人民出版社1983年版，第130页。

⑥ 韩军：《大理白族"喜洲商帮"》，《云南民族学院学报》1992年第3期。

丽江市面上的商品更是琳琅满目，数不胜数。除了山货药材、米蔬茶糖外，还有纳藏等民族商人不远万里从印度、拉萨贩运而来的美国、日本、印度、英国等国货物，如疋条、毛呢、洋纱、染料、锑锅、牙膏、肥皂、毛巾、水笔、香水、化妆品、剃须刀、海产品，应有尽有，俨然已成为一个万国商品展示会。[①] 鹤庆和维西市场因商业发展而日趋繁荣，据民国二十三年（1934）的维西县输入物品调查表显示，[②] 当时维西县市场上除猪苓、茯苓、黄连、贝母等山货药材外，铁锅、铁器、铁三角、毛布、毛毯、毛袜、毛巾、锡纸、烧酒、白盐、沙盐、洋杂货（英、日产）、冰糖、茶、纸张、丝缎等生活物资共计50余种物品也有销售。

在各中心市场经商风潮的带动下，一些边远偏僻的地方也掀起了一朵朵崇利重商的浪花，商业有了某种程度的发展。如生活在怒江、澜沧江一带的傈僳族，于20世纪40年代，就"远往藏境察哇龙高寒之地，采集虫草、贝母、黄连等珍贵药材，或越高黎贡山而西至未定界内拉阁一带采掘金矿者，这些傈僳族人在获得药材或沙金后，主要卖给远道而来的鹤庆、大理、丽江等地商贩，自己一般不直接进入内地市场销售。与傈僳族杂居在一起的纳西族土著这时除在澜沧江河谷平地耕种外，还以入藏经商为业，摆脱了单一的传统生产结构"。[③] 怒江贡山一带的怒族居民在与外来商人进行商品交易过程中也逐步产生了一些季节性的商人。

---

① 周智生：《商人与近代中国西南边疆社会：以滇西北为中心》，中国社会科学出版社 2006 年版，第 120 页。

② 民国云南省建设厅档案，卷宗号 "77—13—2967"，云南省档案馆藏。

③ 周智生：《商人与近代中国西南边疆社会：以滇西北为中心》，中国社会科学出版社 2006 年版，第 170 页。

其次，崇利重商之风的兴盛推动了云南农业商品化的大发展。崇利重商之风尚与商业发展相互作用，也使云南农业走向近代商品经济的轨道。其主要表现是经济作物种植面积及品种的增加，如鸦片种植，根据云南省政府官方的统计数字，1934—1935 年间，全省的鸦片种植面积是 90 多万亩。[1] 但是据一位澳大利亚学者研究之后认为："在当时鸦片受到舆论谴责的情况下，是不大可能夸大种植面积的。"[2] 他引用 1932 年美国驻昆领事馆的推测：平均每县为 1.5 万亩，同一时期的云南地方志也有此估计。那么如以 122 各县和设治局计算则应该是 180 万亩左右。茶叶种植也是一大宗经济作物。至民国时期"本省产茶区域，约达三十余县"，"几占全省四分之一"，[3] 30 年代茶叶产区已遍布滇中、滇东北、滇南、滇西等地。此外棉花、药材、蚕桑等在一些地区也被推广种植。经济作物的增加还导致了农业专门化生产的出现，有了不少专门种植某种经济作物的区域和农民，如婆兮地区（属华宁县）2 万亩耕地中蔗田就有 1.5 万亩，占耕地面积的四分之三，在 3000 余户农民中，从事甘蔗种植的农户有近 2000 户。在竹园（属弥勒县），三分之二的农田用于种植甘蔗，半数以上的农户以此为生。[4] 再如本省专门的茶叶产区就有思普沿边区；景东、景谷区；元江镇沅区；澜沧区；双江、缅宁、云县区；顺宁、镇康区六大

---

① 李珪：《云南近代经济史》，云南民族出版社 1995 年版，第 271 页。

② ［澳］霍尔：《云南的地方派别》（1927—1937），谢本书等译，云南省历史研究所《研究集刊》1984 年第 1 期。

③ 云南省志编纂委员会办公室：《续云南通志长编》下册，第 607、610 页。

④ 赵铨：《滇越铁路沿线农村商品经济初探》，《云南财贸学院学报》1997 年第 4 期。

茶区。① 在各产茶区和茶叶加工地，大批农民皆以种植和加工茶叶为主要职业，如在滇茶最大加工中心下关有"下关茶业，衣食百姓"②之说。农业的商品化和专门化生产促使农业的产品结构得到调整，农村经济开始由传统型向现代型过渡，并为生产技术和效益的提高创造了条件。近代云南农业和农村经济之所以能在衰势下仍得到部分的、有限的发展，无疑与崇利重商的新风尚之影响有关。

同时，救亡图强的民族意识一定程度上也推动了云南近代工业的发展。同近代中国一样，近代云南最大的政治特点是民族危机深重。受此影响，以爱国主义为主流的民族主义浪潮汹涌，并构成近代云南的主要价值取向，如《云南杂志》发刊词开篇即是"呜呼云南杂志！云南杂志！是云南前此未有之创举而今日之救亡策也"，并且认为"农之外必并工商二者以为立国之根本"。③ 在全国学习西方、兴办洋务的大气候影响下，通过1853年爆发的回民起义和1883年爆发的中法战争，云南统治者对西方先进武器的威力和作用有了切身的感性认识，以救亡、自强为目的，云南近代工业亦率先以军事工业的创办为开端发展起来。近代大量民用工业的兴办则主要是自云南开关设埠以后，面对入口洋货日盛一日，时人呼吁"若不设法振兴，以求抵御……滇人生路绝矣！"④ 纺织、玻璃、火柴、制革等部门和行业相继产生了近代工业，如纺织业即是鉴于"昆明市每

① 参见云南省志编纂委员会办公室《续云南通志长编》下册，第607—608页。
② 《大理州文史资料》第九辑，第172页。
③ 中国科学院历史研究所第三所编：《云南杂志选辑》，科学出版社1958年版，第1、199页。
④ 刘盛唐编：《云南地志》（上），光绪戊申（1908）石印本。

年棉纱的进口，有四五万件之多，实一巨大的漏卮。对于国民经济，本极大的不利"，"遂于民国二十三年（1934）筹设纺织厂，至民国二十六年（1937）筹备成功，八月开工，云南的机械纺织业由是肇其端倪"。[①] 又如云南电力工业，起于"民国纪元前数年，法人修筑滇越铁路成功，见昆明无电灯，亦深感不便，乃要求我政府准予在石龙坝设立水电厂，当时因排外心切，各方均表反对，未予允准。至光绪三十四年（1908），地方绅士王筱斋先生遂发起聚集官商股金三十万两创办耀龙电灯公司，计官商股份各占一半，即官股十五万两，商股十五万两"。1910 年所有机件运抵昆明，因故于 1912 年才"开始兴工，民国二年（1913）始装建完竣，开始发电"。[②] 显然其缘起亦是与列强争利谋求自强的结果。

二 云南社会风尚变迁对政治近代化的助推

社会风尚作为社会意识的一部分，不仅受到政治的影响（前文"政治变革的推动力"及"政府在云南新型社会风尚渐趋稳定中的作为"已详细介绍，这里不再赘述），而且也对政治生活产生一定的反作用。云南风尚的近代变迁直接或间接推动了云南政治近代化的进程。

辛亥革命之后，在云南追求民主崇尚自由成为一种趋新风尚（参见第一章），受此影响人们积极要求参与政治，即通过新闻出版、组织参加社团、政治性的请愿和游行示威等活动来直接或间接影响政府决策及执行，而这是传统政治所没有的政

---

① 张肖梅：《云南经济》，民国三十一年（1942）版，第〇六页。
② 同上书，第〇四一页。

治行为，是政治近代化的实质内容。

据统计，辛亥革命到抗日战争前夕云南报纸种类达 54 种，刊物达 133 种。[①] 通过这些报纸、杂志推崇民主的人们开始表达自己的政治诉求，如前面提到的呼吁云南应"实行民治"的《滇潮》、《革新》等，最终使唐继尧示意周钟岳出面组织了云南民治实进会，表示民治要实进而不能空谈一阵，鼓吹要消除民治障碍。

民国年间，云南风俗改良会、天足会、商会、教育会、农学会等各种社会团体大量出现，社会团体的兴起除了与近代中国特定的社会历史有关，很重要的还与近代云南民族资产阶级及其知识分子倡导的民主自由风尚已占据重要地位密切相关。据对"五四"前后 10 余年间不完全的统计，昆明相继建立了各种社团 61 个。[②] 这些社团积极参与政治，为政府政策制度的改革出谋划策，如 1927 年，云南总商会曾就改革云南省政治提出多项建议，如针对时局及当时财政政策的推行不当，亦对政府提出三项建议：①宜克日肃清土匪以免摧残事业也；②宜废除各种苛细税捐以轻土货成本也；③宜厉行禁烟以免妨碍农业也。而上述所提的意见、建议等，1929 年龙云政府上台之后所实施的一系列政治改革措施，以及缪云台所做的大量工作，几乎各个内容均涉及，有些甚至得到了较为圆满的解决。如政治方面，1930 年以后便已基本肃清了匪患；1935 年其禁烟则已基本得到全面的贯彻。[③] 由民间教育团体创办的云南教

---

① 昆明市志编纂委员会：《昆明市志长编》卷十三（内部发行），1983 年版，第 20—29 页。

② 云南省社会科学院历史研究所编：《研究集刊》1989 年第 1 期，第 37 页。

③ 参见陈征平《云南早期工业化进程研究（1840—1949）》，民族出版社 2002 年版，第 309—310 页。

育总会，也常常参与议决本省有关教育事务，当时云南行政机关拟制的有关改革方案，多是交该会讨论后才公布实行。

抗日战争爆发后，云南成为抗战的大后方，云南社会风尚在崇洋、崇尚资产阶级民主自由等思想观念继续发展的过程中日渐转向以爱国主义为主要取向，民族、国家等政治元素较多显现于风尚之中，并直接影响着近代政治的发展，尤其是当主权遭侵犯、民主被破坏的时候，思想意识领域的风尚便演变为政治性的请愿和游行示威。如法、英垂涎云南丰富的矿产资源，于1902年6月迫使清政府签订《云南隆兴公司承办七属矿务章程》，在楚雄、云南、澄江、临安、开化、元江、永北七府开矿，并规定若七处无矿可采时，可移至其他地方，另行开采。为维护主权，云南各界士绅数次集会，成立矿务研究会及滇省咨议局召开协议会，主张废除七府矿约。云贵总督李经羲迫于舆论，只得上奏清政府撤销合同。1911年，经多方交涉，由中国出银150万两付给隆兴公司，赎回七府矿权。[①] 再如人们所熟知的，1945年12月1日，国民党向反对内战要求民主的爱国学生举起屠刀，制造了震惊中外的"一二·一"惨案。血腥的屠杀，立即形成"以昆明罢课为标志"的"一二·一"运动。1948年，云南人民继1947年举行抗暴游行示威以及反饥饿、反内战、反迫害斗争后，又爆发"七·一五"反美扶日运动。

趋新的时代风尚还促成并造就了云南政治近代变革的形势。云南护国起义，即是在民主趋新思想指引下，为捍卫民主共和国，扫除民族资本主义发展障碍进行的革命。云南护国起义的爆发即是时人受民主共和观念影响并驱动的结果，如护国

---

① 《滇中争废矿约纪略》，《云南》第二十号。

起义的领导人唐继尧，早期在日本加入过同盟会，受孙中山民主思想的影响。因此，当袁世凯称帝时，作为一个拥有实力的资产阶级民主人士，便揭竿而起，维护共和。1915 年他致信孙中山应早除袁氏，信中写道："中国数千年君主专制，荼毒人民，我公以旋转乾坤之手，建熙天耀日之勋，革除专制，还我民权。方谓永享共和，与欧美各先进国并驱并驾，胥世界于文明，乃枭雄窃柄，大盗移国，会设筹安，欲行帝制……继尧自入同盟会以来，受我公革命之训导，义不苟同，秣马厉兵，待机报国，云南全省人民，亦复义愤填膺，誓不与此贼共视息……总期早除袁氏之大患，复我民族志自由，马首是瞻，共成义举。"① 云南护国运动的发动者——云南中下级军官之所以能率先发动护国起义并成为主要力量，其中原因与"受过革命民主主义思想熏陶"不无关系，对此金冲及先生曾经在论述护国运动的发动者时提出："云南护国运动的发动，首先有它的内部条件，那就是辛亥革命时期受过革命民主主义思想熏陶、参加过推翻清朝政府建立民国的云南新军军官。"②

近代云南的重商风尚对政治的影响也很突出。前面已经谈到，由于经商的利益诱惑，也由于滇越铁路通车后云南近代工业企业的发展，人们传统重农抑商的价值观念受到冲击，崇利重商观念盛行，并出现了经商热。许多官吏也加入经商的群体，出现了官商合流，并形成新的社会阶层。这部分人便成为左右云南事务的精英，典型的就是缪云台。缪云台（嘉铭），1920 年回国后，历任云南个旧锡务公司总经理、云南省政府

① "唐继尧致孙中山先生早除袁氏秘派唐、李在沪接洽同志请示机宜书"，云南省档案馆编：《云南档案史料》1983 年第 1 期。

② 金冲及：《云南护国运动的真正发动者是谁?》《复旦学报》1956 年第 2 期。

高级顾问、省政府委员、省农矿厅长、劝业银行经理、云南炼锡公司总经理、新富滇银行行长、云南省经济委员会主任委员等。[①] 他一方面重视发展商业经济，一方面又直接影响或参与政治，使政府的政策有利于云南经济的发展。20世纪20年代末期，缪云台出任云南省农矿厅长时，通过筹资组建劝业银行为改造锡矿冶炼技术解决了资金难题。面对省内的金融危机，缪云台向当时省财政厅长卢汉提议筹办一个小规模官办银行，经同意于"1930年10月成立个旧分行，12月在昆明成立总行，成立动机是个旧锡商以金融枯竭，银根奇滞，向政府吁请投资救济。故此行主要业务是由总行吸收存款解个旧贷放，并办理商业银行的一切业务"。[②] 到1930年缪云台获得省府同意筹办云南炼锡公司，并高薪聘请曾任新加坡工厂主任多年的退休技师亚迟迪克来滇工作，以提升锡矿品质。1932年，炼锡公司成立，在投产当年便获得了赢利，从1933年到1938年，平均每年盈余40万元。当省政府主席龙云及省财政厅长卢汉让缪云台接任富滇新银行行长时，缪云台提出了与龙、卢"约法三章"，即富滇新银行不代理省金库、省政府不向富滇新银行举债、龙卢两人不在富滇新银行开户，这推进了云南现代金融业的发展，对云南早期工业化提供了支持。[③] 由此不难看出，经商风尚对政治的影响主要表现为，通过形成掌权的利益集团直接参与云南政治，而商人参政是传统政治格局中所没有的。

---

① 《缪云台先生生平》，《昆明文史资料选辑》第十二辑，第1页。

② 常树华：《辛亥革命至抗日战争爆发前的云南金融概述》，云南省经济研究所编：《云南近代经济史文集》，1988年铅印本。

③ 参见陈征平《云南早期工业化进程研究（1840—1949）》，民族出版社2002年版，第266—272页。

三　云南社会风尚变迁对
教育近代转型的影响

　　近代云南社会风尚对教育的影响主要是通过书籍和报纸、杂志使人们认知新思想新观念，激发人们求新知的热情，进而一定程度上带动了教育的近代转向，使近代云南教育从结构到内容都发生了较大的变化。

　　清末以后云南新闻出版业发展迅速，仅"云南省城刊物，合日刊、间日刊、半周刊、周刊、旬刊、半月刊、月刊、季刊、校刊、不定期刊并计，不下五十种，可谓极一时之盛……日刊现有云南政府之《云南公报》及社会所有制《民治日报》、《义声报》、《复旦报》、《均报》、《商报》、《社会新报》、《金碧日刊》、《云南午报》、《民生日报》之九种。间日刊只《滇新报》一种；半周刊亦仅《微言报》一种，周刊则有《昆明市教育周报》、《警钟》、《昆明通俗周刊》、《瀛流一勺》、《明星滇潮》、《光明》、《云南迤南周刊》、《法政学报》九种。旬刊则有《翠湖之友》、《警钟旬刊》、《清真旬刊》之三种。半月刊则有《省师学生半月刊》、《女学界》、《湖光》之三种，月刊则有《云南教育杂志》、《军事杂志》、《道新报》、《民治》、《云南自治月刊》、《云南实业公报》、《云南教育公报》、《昆明教育月刊》、《昆明市第三小学学生月刊》、《震声》、《市政月刊》、《东陆大学月刊》共十三种。季刊则有《实业改进会季刊》、《昆明市第一小学季刊》、《双塔季刊》之三种。校刊除上述几不定期各刊物外，尚有《省立第一中学校刊》、《成德中学校刊》之二种。不定期刊则有《云南青年》、《成德学生》、《昆明市天足汇刊》、《云南早婚劝诫会汇刊》、《昆明市通俗讲坛》之五种。"[1] 报刊成为传播信息与获取信息的重要渠道，报刊上宣传的新思想、新观念、新主义尽管不一定能很快深入人心，但至少可能引起人们思想的震动。

近代崇洋趋新的社会风尚伴随中国近代化运动逐步由西方器物文化层面向西方制度文化深化，由好奇心驱动下的盲目崇洋向自觉学西学、求新知的近代转变。当然社会风尚影响下的这一变化因地域和群体差异而明显不同。

农村中的普通百姓接受新学的主要途径有：一是西方传教士在民间传教、资助贫苦人家子弟读书，使这些人走上了求新知的道路。如法国传教士邓明德创办的天民小学，在其病逝后改为保禄小学，由法籍神甫蒋沛泽继任管理，在原有基础上又创办了初、高级完全小学，学生近 200 人，开设拉丁文、中文、数学、历史、物理、化学、音乐、体育、美育等课程。[2] 法国神甫在滇越铁路沿线的少数民族聚居地方也办有学校，如在路南县彝族聚居区，法国传教士就办有学校，在教会学校读书的人，如果学习成绩优异，教会便保送他们去法国留学，在1932 年和 1933 年，法国传教士曾用教会公费资送彝族子弟到巴黎留学。[3] 再如"迤西开远（即前阿迷）县，第五区，有地名鲁都克者，约四五十里，四面皆山，夷苗约五六十家，原编为一保……因在清光绪元年法人在此成立一教堂，致该地及附近文山县苗人，悉入天主教，教内有周熊两人者，原由教会培

① 谢晓钟：《云南游记》，文海出版社印行，1967 年版，第 117—118 页。

② 韩达主编：《中国少数民族教育史》第二卷，云南教育出版社、广西教育出版社、广东教育出版社 1998 年版，第 570 页。

③ 范义田编：《云南边地民族教育要览》，云南省义务教育委员会印行，民国二十五年（1936）版，第 43 页。

植，送河内求学，继续送巴黎留学，及归国，现已在该地设一小学，该小学现有三班人，共有学生百余名，文山苗人，亦有来学者，毕业后，即有教会津贴，升入河内及其他教会，或普通中学，周为小学校长，学生于中学毕业后复由周熊商同教会，多送巴黎留学"。① 根据不完全统计，到 1950 年时，天主教会在云南开办的教会学校有：幼儿园 1 所、初级小学 35 所、完全小学 6 所、初级中学 2 所。另外，还有昆明上智女校附设中法文学校，招收女生，1937 年时有学生 6 个班 250 人；昆明上智学校职业部，1938 年以前开设有皮革、印刷等专业，后又增设了机械、缝纫等专业，学制五年，学生免交学杂费，并由校方提供食、宿，1947—1948 年间有学生 100 余人，大多是孤儿和贫民子女。② 二是一部分通过政府补助而得以进入国内大学或到国外留学。如"民元以来，本省中学毕业生升学国内各公、私立大学及专科学校者，其人数年有增进。政府于国内留学滇籍学生，原有津贴之给与，惟以国立大学为限，其名额数量及给与办法，未定标准。至十四年，始将国内留学滇籍学生之津贴名额，定为一百名，又将学校名额之分配，学生请领之手续，出缺、递补之办法，明白规定，公布实行。十九年，复核定《本省补给升学国内大学、专科学校奖学金规程》及《优待升学国内大学、专科滇生汇款贴水办法》，分别实行。奖学金之范围，较前扩大"。③ 据《云南游记》记载，"云南学

① 民国云南省民政厅档案，"云南省政府训令秘内字第 73 号"，卷宗号"11—8—74"，云南省档案馆馆藏。

② 云南省社会科学院宗教研究所编撰：《云南省志·宗教志》，云南人民出版社 1995 年版，第 286—289 页。

③ 云南省志编纂委员会办公室：《续云南通志长编》中册，1986 年版，第825 页。

生因远赴外省求学，每人每年可得政府津贴一百八十元"；①
1902 年，云南开始选派官费留日学生 10 名，次年同样 10 名，
第二年最多，达 89 名。清代云南派遣留学生 229 人。1911—
1948 年云南共派出留学生 284 人，其中留日学生 141 人，留美
学生 87 人。② 出国留学经费方面，据巡抚林绍年等《选派学生
出洋片》载："经臣筹款，陆续选派员生，资遣出洋，前赴日
本游学……筹给往返川资学旅各费银五百五十两……又滇越毗
邻，需用法文较多。法国政府在越南河内设立学堂……当即考
选心术端正、文理明达学生文宝奎等十名，每名筹给川资银五
十两，每年各给旅学费等龙圆三百元，每名月费五圆"；巡抚
林绍年等《续遣二批学生并选员出洋游学摺》载："窃滇省前
经遵旨选派学生出洋游学日本，取定头批学生钱良骏等十名，
每名酌给行装川资银二百两，年给旅费、学费洋银三百
元。……定为二批出洋学生。照案每名给川资银二百两，年，
旅费、学费各年给洋银四百元，俾资用度。"③ 清政府被推翻
后，主要由留日学生蔡锷、唐继尧以及云南陆军讲武堂毕业生
龙云主政的云南省政府，对留学教育依然非常重视，对留学海
外的云南学生，省政府先后通过了《留日学生管理办法》、《选
补暨管理自费留日学生规程》、《考选派欧美留学办法》、《欧美
留学生自费生津贴办法》、《选派欧美留学生暂行章程》等，对
留学生的选派、名额、资助、奖学金等问题都作了明文规定。
上述途径使下层百姓中的一部分人有了接近西学的可能，并逐

---

① 谢晓钟：《云南游记》，文海出版社印行，1967 年版，第 95 页。

② 王丽云：《留学生与云南教育近代化》，《徐州师范大学学报》（哲学社会科
学版）2009 年第 3 期。

③ 李春龙、王珏点校：《新纂云南通志 六》，云南人民出版社 2007 年版，第
618、619 页。

步产生了求新知的愿望。如第二批赴日留学生中的杨振鸿，是昆明县南一区小街子村（现官渡前卫镇小街子）一户贫苦农民家的孩子，只读过几年私塾，自学成才，赴日留学时已 30 岁了。受当时民主革命趋新思想影响，杨振鸿与李根源、吕志伊、赵伸等人积极筹办了《云南》杂志，还出版了副刊《滇粹》，除在日本发行外，还寄回国内各省大量散发，宣传了民主主义思想。又如熊庆来是云南弥勒一个乡村出来的青年，1913 年在昆明应试赴欧美留学选拔考试中，以名列第三的好成绩被选，之后亦走上了求新知的道路。

城市居民在趋新风尚的影响下更是纷纷入新学堂或出国留学以接受新知识。据学部 1909 年的统计，云南省有新式学堂 1944 所，学生 57808 人。[1] 1909 年，昆明新式知识分子多达 7791 人，占昆明知识界人口总数的 97.93％。[2]

这些接受了新知的新式知识分子，不仅引领着社会风尚变迁，还进一步推动了文化教育领域的近代转型，他们有的投身教育的近代改革，有的则直接创办地方学校，完善近代教育体制，有的甚至亲自执教，推动着云南教育的近代化。如留日期间的唐继尧在感悟日中两国社会风气的差异后就立志改善不良风气，他在日记中写道："第四期中国留学生卒业，午前十一时，日皇亲临本校，行证书授与式。日皇步行，校长导于前，将官宫监等从于后，其简素朴质，实可嘉佩。日皇行宫，以布慢为之，小而不洁。吾国州宰因公远出，一切修饰享用，殆百倍于此。日人朴质，刻苦如斯，其所以能强；我则浮奢靡堕，

---

① 《宣统元年份教育统计图表》，转引自桑兵《晚清学堂学生与社会变迁》，广西师范大学出版社 2007 年版，第 140 页。
② 云南省档案馆编：《近代云南人口史料》（1909—1982）（内部发行）第 2 辑上，1987 年版，第 14 页。

故不得不弱也。后日做事，必痛除此种浮华奢靡之风，以振刷国民精神，以人格第一义为天下倡，才智为其次也。"① 唐继尧执政后"以教育为国脉……唐氏以一省之大，不可不设最高深之学府。以养成完全人才。乃以私人资产开办一东陆大学，暂就贡院农校为校址，另购地基建筑新校舍，其校长教职员均聘国内知名之士及本省留学欧美日本毕业归国得有学位者担任，一切教授管理概仿欧美各大学最新办法……滇省中等教育……自教育司成立，积极整理，首将农工及师范各校改组，另设新制初高两级中学一校为中等学校模范组织，一切概照新学制编制。至各县亦令尽力设中学，又将女子师范改为女子中学……"② 又如晚清主要由留学生掌握的行政机构在主持云南教育事务期间，"使云南近代的教育结构在纵向上得到基本完善。至 1910 年，云南的学堂已发展到 949 所，其中法政专门学堂 1 所，中等农业学堂 1 所，初等农业学堂 5 所，初等工业学堂 6 所，优级师范学堂 1 所，初级师范学堂 6 所，简易师范 3 所，中学 6 所，高等小学 79 所，两等小学 47 所，初等小学 749 所，幼儿园 1 所。"③ 曾负责筹办云南历史上第一所现代大学（私立东陆大学）的董泽，曾两次出国留学，而且留学两个国家。回国后，为云南教育事业做出了很大贡献，担任教育司司长达八年，主管全省教育，大大推动了云南教育的近代化。

趋新的时代潮流带动了近代教育转向，其重要标志是教育结构和内容的变化。典型的表现就是教育部门在学科内容、学科体系上发生了变革，一些新的学科逐渐形成。如在重商崇商

---

① 唐继尧：《会泽笔记》，文海出版社，第 5 页。

② 沈云龙主编：《唐继尧》，文海出版社 1967 年版，第 127—128 页。

③ 王丽云：《留学生与云南教育近代化》，《徐州师范大学学报》（哲学社会科学版）2009 年第 3 期。

观念的影响下，云南商会除着力提倡政府筹设本省正规高等商科学校外，还通过商会附设商业讲习所、商业补习学校，以及商人训练团等多种形式来增强近代商业知识的普及范围和力度。云南商会在有关这方面所做出的努力，从 20 世纪 40 年代当时云南大学熊庆来写给该会的复函可以窥见一斑。信中言及"贵会总文字第 192 号公函以大会议决函请本校开办商学院一案抄送提案一份，嘱查照采纳办理见复等由准，此查滇省与缅越暹诸国接壤，为西南各省之中心，今后交通发达，国际贸易势必以昆明为集散地点，本校有鉴于此，本年八月四日曾以学字 4277 号呈请教育部准自 37 学年度扩充文法学院为文学院及法商学院，并增设商学系……"① 受西方实业观念影响，职业教育得到发展，如唐继尧对教育的改革就"特别注重职业教育，其目的在使学生毕业能得相当学识升学或能在社会谋适当生活，一洗从前学校造成高等游民，为社会轻视之弊"。② 另外在西方交际自由的影响下，"女子师范及女子中学，今年由唐继尧提倡，增授跳舞一科，仅只半年，成绩极优"。③

　　知识结构从此也发生了根本的变化。拿附设于法政学校的高等商科学校修业四年的课程内容说明之，所修课程包括数学、商业簿记、应用物理学、应用化学、法学通论、经济通论、商业算术、商业地理、商品学、经济学、商业数学、统计学、私法、银行论、货币论、银行实务、铁道经济、保险、工业簿记、商法、国际法、破产法等，所学皆为实学。这样的教学内容对于培养新型商业人才，对于近代云南教育的转型有着

① 民国云南省商会档案卷宗，卷宗号"32—25—49"，昆明市档案馆馆藏。
② 沈云龙主编：《唐继尧》，文海出版社 1967 年版，第 127—128 页。
③ 谢晓钟：《云南游记》，文海出版社印行，1967 年版，第 96 页。

重大意义。

趋新风尚推动文化教育的近代转型，先进文化教育又带动新的风尚变化，带动了趋新的思想潮流，从而推动了近代云南社会的变革潮流。

结　语

　　近代中国是历史上一个十分特殊的时期。鸦片战争之后中华民族的发展即处于亘古未有的大变局中，社会生活的各个领域、各个层面都发生了整体性的变革，其中社会风尚的变化尤为急剧而显著。

　　云南地处西南边疆多民族地区，由于特殊的历史地理因素，直至1884年中法战争之后，由1889年蒙自首开商埠，云南社会遂开启了由传统到现代、由农业文明向工业文明的转型。作为社会近代转型主要内容之风尚，也在中西内外因素的作用下，开始了近代明显变化的历程。本人通过对近代云南社会风尚变迁的轨迹、动力、基本特征，以及云南政府和社团在稳定云南新型社会风尚中所起的作用，包括对风尚变迁给近代化主要进程带来的影响等问题所进行的研究，大致得出如下的基本结论：

　　1. 云南由于特殊的历史地理条件，其近代社会风尚变化的开端明显晚于全国，然至抗战，由于其所拥有的政治、军事等区位优势，以及全国政治、经济、文化中心向西南的转移，在短期内云南近代风尚的传播亦呈蔓延之势。如果说此前云南近代风尚变迁是一种由点状向交通干道沿线发散的态势，那么至抗战云南为支援内地沿海战争而进行的诸方面的调整与适应，也使其在短期内实现了近代风尚在全省各地县较迅速地渗透与扩散。使原先一度处于落后或半开化状态的一些民族地区，如文中提到的云南西部少数民族居住地瑞丽县垒允，因战时政府的经营开发及外来人口的示范带动，物质行为风尚和思想观念开始向着近代社会发展的方向迅速转变。此间，东部沿海地区因战争影响其近代风尚传播与发展的进程明显减缓，而西南地区的云南近代社会风尚传播速度却空前提高，急剧扩散到全省各地县及一些少数民族群体，甚至某些方面的风尚发展变化一度领先于全国。也就是说，云南某些地区于特定年代在社会风尚变迁的方面，曾一定程度上实现了与内地及沿海地区同步发展的势头。

2. 近代交通条件改善乃云南社会风尚变迁的重要前提。内地沿海地区社会风尚的变化，始于 1840 年鸦片战争后列强于沿海沿江的通商设埠，其近代城市亦悄然形成，由于其在交通上陆路与水运的天然之利，也促成其近代风尚的不胫而走。因而，对内地沿海来说，近代社会风尚变迁或并不以近代交通的变化为前提，而是以近代城市的发生为先兆。云南则不然，由于其山地占 94％及北高南低的地理形势，通商设埠之地又均处于陆路边境，使其向内陆的扩散如不借助近代交通的改善，是绝难形成内地所具有的那种顺势而成的发展形势的。这从近代就已通商设埠的蒙自、思茅、腾冲等地至今也未曾在经济上占若何至重的地位亦可看出。而其时，正是在不同阶段各种政治及民间力量的影响和努力下，实现了近代交通条件的局部改善，才有力推动了社会的转型和传统风尚的嬗变。滇越铁路开通后铁路沿线工商业的急剧发展及所形成的近代社会风尚沿铁路沿线向周围辐射的基本格局，以及 20 世纪 30 年代末云南现代交通网络初步形成后，云南社会风尚变化呈现出向纵深扩散的趋势，都充分说明了近代云南社会风尚变化不同于内地沿海的前提是交通条件的改善。

3. 近代云南社会风尚变迁的轨迹，是经过 19 世纪末 20 世纪初以开埠通商城市和滇越铁路为中心，向周围辐射的初变、渐变，到民初以全省主要城市为中心的制度化、急剧化变迁，至抗战时期近代社会风尚迅速向全省各市县及一些半开化的少数民族地区渗透、扩散，无论是空间范围还是群体范围都空前扩大了。伴随生活方式由传统城乡一体化逐步向以近代城市市场化、社会化为主导的城乡二元结构演变，以人们日常生活为载体的社会风尚，亦开始由传统农业文明向近代工商业文明转变。具体表现为：物质生活和行为风尚渐趋市场化、自由化和平等化，适应近代工商业发展的新思想新观念，如竞争、民主、自由、平等等日渐盛行。虽然这些变化新旧杂糅、新旧杂陈，变化程度不一，发展也不充分，且主要集中在占人口少数的精英阶层和城市居民中，但趋向近代文明的发展方向已经确立，并引领着整个社会风尚的发展潮流。在这种趋势的影响下，云南数千年的封建传统一点点消退，社会风尚不断趋新，为云南社会近代化变迁奠定了生活基础，更是通向当今云南现代化生活的起点。

4. 近代云南社会风尚变迁的机制，首先是由西方势力入侵及开埠通商导致的以通商城市和沿滇越铁路为中心的社会生态变化，这是近代云南社会风尚变迁的启动因素；之后伴随殖民性商业贸易发展和出国留学人员的陆续回滇，近代元素渐次输入、成长，新的生活资源优势出现，这成为近代云南社会风尚变迁的诱导因素；清末新政时期及民国建立后，在政府制度变革这一关键动力的推动下，由官吏群体、商人群体及新知识分子群体等精英群体为先导引发了城市及交通沿线社会风尚全面而急剧的变化，在这一演变过程中，决定社会风尚急剧变化的关键是制度因素。在诸因素中，由于制度变革能使新型社会风尚的确立具有合法性和正当性，通过权力系统，又能有效动员民间力量，促使近代云南社会风尚的全面普及和推广，因而可以说，制度要素是近代云南社会风尚变迁得以维系并持续发展的重要动力及变迁机制的关键构成部分。

5. 在云南多民族地区社会风尚变迁的趋势中，应注重对少数民族传统习尚积极因素的保护。近代云南社会风尚变迁主要是在政府政策的推动下，传统习尚不断消失、近代风尚不断出现的过程。在这一近代转变过程中，云南少数民族传统习尚中有些因表现出与近代文明较强的适应性而得以传承，有些则因政府的民族同化政策而与汉民族习尚或主流社会风尚逐渐趋同。如在民国政府倡导易服之规定下，独龙族纷纷脱了独龙毯穿上了中山装，还有文中提到的芒市土司及贵族也以着汉人之服装为荣等。尽管少数民族的非主流文化对主流汉文化的趋同，是不可违抗的发展规律，但各少数民族的传统生活习尚，乃产生于各民族特殊的生产生活方式，是其适应特定地域、特定生存环境而形成的民族个性及民族审美习惯等的具体体现，具有内生合理性。我国少数民族的发展进步，恐并非要以牺牲民族传统文化或民族特点为代价，"只有民族的，才是世界的"已是人类社会发展至今所达成的一种共识。因此，在社会变革、风尚变迁之过程中，注意观照并保存民族传统习尚中的积极因素是极为重要的。尤其对于近代云南各少数民族地区不同于汉族的传统习尚，我们或许不能仅仅用"落后"一词来评价，更不能强求其一律同化，事实上各民族在社会习尚方面发展的历史性差异，即便是在全球一体化的今天，也并没有因为生产力的迅速发展而形成一致，相反，一些合理的方面在某种程度上正作为一种社会资源而日益得到保护。因为它将有助于更好地丰富中华民族文化神奇瑰丽的内蕴，是增强中华民族文化在当代国际地位的重要内容。

6. 近代云南社会风尚由传统向近代的变迁是社会近代化最终实现的重要内容。社会近代化不仅仅是一个经济问题，它应该是一个经济、政治、思想文化等综合作用的产物，因此社会近代化，内在地要求表征于社会生活的风尚也要同步步入崭新的文明范畴中。云南的近代化社会变迁，始于 19 世纪末期英法等西方势力的侵入，是在与资本主义国家通商贸易，与西方思想文化、云南民族主义等多种社会因素交汇互动中，才出现近代工商业和近代社会文化因素。在此后的近百年间，尤其是抗日战争时期沿海及内地大规模的企业和科技人才等的大量迁入，使云南在寻求中华民族独立富强的抗争中，利用其自然地理优势，逐步走上了近代工业化道路。诚如马克思所说："物质生活的生产方式制约着整个社会生活、政治生活和精神生活的过程。"生产方式的近代化变迁使表征于社会生活的风尚也发生了显著变化，[1] 在中西新旧诸因素的交互作用下，由原来的"基本在传统的变化轨迹里循环往复"一变为"朝着一条不同于旧时代的新道路发展"，其主要表现是"崇洋"和"趋新"风尚逐步形成，尤其是具有现代元素的"趋新"风尚日渐增多，为云南社会近代化变迁奠定了生活基础。另外，从实现现代化的核心而言，只有实现人的现代化，即只有国民从心理、态度、行为和观念上都能与各种现代化形式的经济发展同步前

---

[1] 当然外因方面，西学东渐潮流引发的西尚东移趋势的推动也是重要原因，这既是近代化进程的重要方面，又是中西文化融合的重要内容和民族文化心理变动的表象反映。

进，这个国家或地区的现代化才能真正实现，而国民的心理、态度、行为和观念即是体现于社会生活的社会风尚，因此从这个意义上讲，近代云南社会风尚由传统向近代的变迁是社会近代化最终实现的关键内容之一，毫无疑问也影响和推动着经济近代化、政治近代化、文化教育近代化等进程的发展。

当今的中国社会，正处在工业化、信息化、城镇化、市场化、国际化并行的急遽转型期，社会风尚的变化更加频繁，对社会对个人的影响也更加明显。倘若在近代云南一些地区某些人还可以不受当时某种社会风尚的影响，现在则几乎没有人能逃出社会风尚的旋涡之外，只不过影响或早或迟或大或小而已。因科技经济快速发展所引起的社会急速转型，带来了社会风尚的急遽变化，一方面给我们带来适应社会发展的新风尚，如敢于冒险、崇尚才识、勇于竞争、讲究实效等；另一方面也引起一些不良风尚，如为了获取金钱不择手段，走后门、行贿、找关系、假冒伪劣、坑蒙拐骗等风气的盛行。在 21 世纪的社会转型中，我们如何调适社会风尚以适应社会的变革和发展？政府和民间力量如何有效配合使符合社会发展要求的新风尚渐趋稳定？对此我们需要从过去的历史中汲取经验和智慧，对历史上不同地区不同阶段社会风尚变化的过程、特点和规律等进行考察，特别是对中国不同地区由传统农业社会向近代工商业社会转型中社会风尚的考察，这或许能使我们从这些历史认知中获得了解当今社会风尚变化的钥匙，毕竟人类历史的发展是紧密联系难以割裂的。近代云南乃至中国的社会风尚，是当时人们物质与精神追求的反映，对今天依然存在着或显或隐的影响，本研究或许亦能在经验与借鉴方面为当下提供某种历史的启示。

主要参考文献

一　基本史料

云南省档案馆馆藏档案：《民国云南省民政厅档案卷宗》。

云南省档案馆编：《云南档案史料》。

包世臣：《安吴四种》，清光绪十四年重刻本。

胡朴安：《中华全国风俗志》，上海书店 1986 年影印本。

（清）李熙龄撰：（道光）《普洱府志》卷九·风俗，咸丰元年（1851）刻本。

（清）岑毓英修，陈灿纂：光绪《云南通志》，光绪二十年（1894）刻本。

刘盛唐编：《云南地志》（上），光绪戊申（1908）石印本。

周钟岳：《新纂云南通志》，云南人民出版社 2007 年版。

民国云南通志馆编：《续云南通志长编》（中、下册），云南省志编纂委员会办公室编校，1985 年 12 月印行。

沈云龙主编，王闻韶修：《续云南通志稿》，（台湾）文海出版社印行。

陈度：《昆明近世社会变迁志略》四卷，稿本。

陈宗海修，赵瑞礼纂：光绪《腾越厅志稿》，光绪十三年（1887）刻本。

李景泰等修，杨思诚等纂：《嵩明县志》1945 年铅印本。

项联晋修，黄炳堃纂：光绪《云南县志》，光绪十六年（1890）年刻本。

张维翰修，童振藻纂：《昆明市志》，台湾学生书局 1968 年影印本。

张培爵等修，周宗麟等纂：民国《大理县志稿》，1917 年铅印本。

倪惟钦修，陈荣昌、顾视高纂：《续修昆明县志》，1943 年铅印本。

刘润畴等修，俞庚唐等纂：《陆良县志稿》，1915 年石印本。

全免泽、许实纂：民国《禄劝县志》，1928 年铅印本。

陆崇仁修，汤祚等纂：民国《巧家县志稿》，1942 年铅印本。

吴永立、王志高修，马太元纂：民国《新平县志》，1933 年石印本。

霍士廉等修，由云龙纂：民国《姚安县志》，1948 年铅印本。

王槐荣修，许实纂：民国《宜良县志》，1921 年云南官印局铅印本。

卢金锡等修，杨履乾等纂：民国《昭通县志稿》，1937 年铅印本。

赵思治修纂：《镇越县志》，据 1938 年油印本传抄。

昆明志编纂委员会编纂室编：《昆明市志长编》卷七至十三。

陈权修、顾琳纂：《阿迷州志（二）》，台湾学生书局 1968 年 12 月影印本。

李孝友编著:《昆明风物志》,云南民族出版社 1999 年版。

丁世良:《中国地方志民俗资料汇编》,北京图书馆出版社 1991 年版。

姚贤镐编:《中国近代对外贸易史资料(1840—1895)》第二、三册,中华书局 1962 年版。

云南省编辑组编:《云南方志民族民俗资料琐编》,云南民族出版社 1986 年版。

昆明市文史资料研究委员会编:《昆明文史资料选辑》十二辑、十六辑。

昆明市志编纂委员会:《昆明市志资料长编》七至十三卷。

《云南文史资料选辑》,第七、九、十六、二十九、三十四、四十一、四十二、四十九、五十三辑。

《丽江文史资料》第七辑。

(民国)张肖梅:《云南经济》,中国国民经济研究所 1942 年版。

(民国)万湘澄:《云南对外贸易概观》,新云南丛书社民国三十五年(1946)初版。

(民国)张凤岐:《云南外交问题》,商务印书馆民国二十六年(1937)初版。

民国云南省公署枢要处第四课编印:《云南对外贸易近况》,1926 年印行。

〔民国〕郭垣编:《云南省经济问题》,1940 年印行。

〔民国〕龚家骅:《云南边民录》,正中书局印行,民国三十二年(1943)初版。

钟崇敏:《云南之贸易》,1939 年手稿油印。

杨成志著,国立中山大学语言历史学研究所编辑:《云南民族调查报告》,广州国立中山大学出版部发行。

云南省立昆华民众教育馆编辑:《云南边地问题研究》（下），民国二十二年（1933）版。

江应樑:《摆彝的生活文化》，中华出版社1950年版。

陈嘉庚:《南侨回忆录》，南洋印刷社1946年初版。

唐继尧:《会泽笔记》，文海出版社。

方国瑜著:《滇西边区考察记》，国立云南大学文化研究室出版社1943年版。

《到西南去·昆明的素描》，民众书店1939年版。

黄丽生、葛墨盒编著:《昆明导游》，光华印书馆1944年版。

马萝良编:《滇南杂记》，云南通讯社1942年版。

谢晓钟:《云南游记》，文海出版社1966年版。

郑子健:《滇游一月记》，中华书局印行。

钟天石:《西南游行杂写》，文海出版社1966年版。

曾毓秀:《滇越铁路纪要》，民国八年（1919）。

薛绍铭:《黔滇川旅行记》，广州中华书局1937年版。

云南通讯社编辑:《滇游指南》，云岭书店1938年版。

郑崇贤:《滇声》，香港有利印务公司民国三十五年（1946）版。

中国科学院历史研究所第三所编:《云南杂志选辑》，科学出版社1958年版。

彭桂萼:《西南边城缅宁》，1937年。

童振海编:《云南风俗改良会汇刊》（第一册），民国十五年（1926）。

《东方杂志》第八、三十二卷。

《民众生活周刊》，云南省立昆华民众教育馆出版，1932年第一期。

《西南边疆》，昆明西南边疆月刊社出版，1938 年创刊号、第三期，1939 年第六期。

《新云南月刊》，新云南月刊社，1929 年第一期。

《新云南》，北平：云南旅平学会编辑发行，1939 年第一期。

《边政公论》第五卷第二期。

《云南民国日报》。

《云南日报》。

《民立报》。

《申报》。

《朝报》。

《大公报》。

《临时政府公报》。

《滇潮》创刊号。

《滇话》（第 1 号）。

《曙滇》创刊号。

《教育杂志》第 31 卷。

《云南教育杂志》第 11 卷。

二 近人著述（按编著者拼音升序排列）

《白族简史》，云南人民出版社 1988 年版。

《国立西南联合大学校史》，北京大学出版社 1996 年版。

《景颇族简史》，云南人民出版社 1983 年版。

《昆明市盘龙区文化艺术志》，云南人民出版社 1994 年版。

《马克思恩格斯全集》第 12 卷，人民出版社 1962 年版。

《马克思恩格斯选集》第一、二、三、四卷，人民出版社 1995 年版。

《毛泽东选集》第二卷，人民出版社1991年版。

《梅贻琦日记》，清华大学出版社2001年版。

《社会心理学教程》，兰州大学出版社1986年版。

《孙中山选集》（下），人民出版社1956年版。

《谭平山文集》，人民出版社1986年版。

《西南联大在蒙自》，云南民族出版社1994年版。

《云南省志》卷六十·教育志，云南人民出版社1995年版。

陈国庆主编：《中国近代社会转型研究》，社会科学文献出版社2005年版。

陈征平：《云南工业史》，云南大学出版社2007年版。

陈征平：《云南早期工业化进程研究》（1840—1949年），民族出版社2002年版。

陈学恂、田正平编：《中国近代教育史资料汇编·留学教育》，上海教育出版社2006年重印本。

楚雄彝族自治州地方志办公室：《楚雄人物》，云南大学出版社1991年版。

丁绍祥等主编，昆明市社会科学院编：《昆明百年：1899—1999》，云南人民出版社1999年版。

东人达：《滇黔川边基督教传播研究：1840—1949》，人民出版社2004年版。

董孟雄、郭亚飞：《云南地区对外贸易史》，云南人民出版社1998年版。

董孟雄：《云南近代地方经济史研究》，云南人民出版社1991年版。

方汉奇：《中国近代报刊史》（下），山西人民出版社1982年版。

费孝通、张之毅:《云南三村》,社会科学文献出版社2006年版。

冯天瑜等:《中华开放史》,湖北人民出版社1996年版。

葛承雍:《中国传统风俗与现代化》,陕西人民出版社2002年版。

龚咏梅:《社团与政府的关系》,社会科学文献出版社2007年版。

胡绳武、金冲及:《辛亥革命史稿》第4卷,上海人民出版社1991年版。

黄恒蛟主编:《云南公路运输史》(第一册),人民交通出版社1995年版。

江南:《龙云传》,香港星辰出版社1987年版。

琚鑫圭、唐良炎编:《中国近代教育史资料汇编·学制演变》,上海教育出版社2006年重印本。

琚鑫圭、童富勇、张守智编:《中国近代教育史资料汇编·实业教育 师范教育》,上海教育出版社2006年重印本。

乐正:《近代上海人社会心态(1860—1910)》,上海人民出版社1991年版。

李长莉:《晚清上海社会的变迁——生活与伦理的近代化》,天津人民出版社2002年版。

李长莉:《中国人的生活方式:从传统到近代》,四川人民出版社2008年版。

李大钊:《劳动教育问题》,《李大钊文集》(上),人民出版社1984年版。

李道生主编:《云南社会大观》,上海书店2000年版。

李珪主编:《云南近代经济史》,云南民族出版社1995年版。

李开义、殷晓俊：《彼岸的目光——晚清法国外交官方苏雅在云南》，云南教育出版社 2002 年版。

李少兵：《民国时期的西式风俗文化》，北京师范大学出版社 1994 年版。

李文海主编：《民国时期社会调查丛编·婚姻家庭卷》，福建教育出版社 2005 年版。

李文海主编：《民国时期社会调查丛编·少数民族卷》，福建教育出版社 2005 年版。

梁景和：《近代中国陋俗文化嬗变研究》，首都师范大学出版社 1998 年版。

梁启超著，夏晓虹点校：《清代学术概论》，中国人民大学出版社 2004 年版。

刘云明：《清代云南市场研究》，云南大学出版社 1996 年版。

刘志琴主编：《近代中国社会文化变迁录》，浙江人民出版社 1998 年 3 月版。

龙东林主编：《一座古城的图像记录》（上、下），云南人民出版社 2003 年版。

陆韧：《云南对外交通史》，云南民族出版社 1997 年版。

罗群：《近代云南商人与商人资本》，云南大学出版社 2004 年版。

罗荣渠：《现代化新论》，北京大学出版社 1998 年版。

罗兹曼：《中国的现代化》，江苏人民出版社 1988 年版。

马敏：《官商之间——社会巨变中的近代绅商》，天津人民出版社 1995 年版。

马曜主编：《云南简史》，云南人民出版社 2009 年第 3 版。

马玉华：《国民政府对西南少数民族调查之研究：1929—

1948》，云南人民出版社 2006 年版。

蒙自县志编纂委员会编：《蒙自县志》，中华书局 1995 年版。

宓汝成：《帝国主义与中国铁路》，上海人民出版社 1980 年版。

潘先林：《民国云南彝族统治集团研究》，云南大学出版社 1999 年版。

浦江清：《清华园日记 西行日记：增补本》，生活·读书·新知三联书店 1999 年版，第 235 页。

浦江清著，浦汉明、彭书麟编选：《无涯集》，百花文艺出版社 2005 年版。

钱穆：《八十忆双亲·师友杂忆》，生活·读书·新知三联书店 2005 年版。

桑兵：《晚清学堂学生与社会变迁》，广西师范大学出版社 2007 年版。

沈云龙主编：《唐继尧》，文海出版社 1967 年版。

孙代兴、吴宝璋：《云南抗日战争史》，云南大学出版社 1995 年版。

孙燕京：《晚清社会风尚研究》，中国人民大学出版社 2002 年版。

陶天麟：《怒族文化史》，云南民族出版社 1997 年版。

汪曾祺：《蒲桥集》，作家出版社 1994 年版。

王稼句编：《昆明梦忆》，百花文艺出版社 2002 年版。

王了一：《龙虫并雕斋琐语》，中国社会科学出版社 1982 年版。

王美英：《明清长江中游地区的风俗与社会变迁》，武汉大学出版社 2007 年版。

王名等：《民间组织通论》，时事出版社 2004 年版。

吴宓：《吴宓日记》第八册（1941—1942），三联书店 1998 年版。

谢本书、李江主编：《近代昆明城市史》，云南大学出版社 1997 年版。

谢本书：《龙云传》，四川民族出版社 1999 年版。

谢本书：《云南近代史》，云南人民出版社 1993 年版。

忻平：《从上海发现历史——现代化进程中的上海人及其社会生活》，上海人民出版社 1996 年版。

熊月之：《西学东渐与晚清社会》，上海人民出版社 1994 年版。

严昌洪：《20 世纪中国社会生活变迁史》，人民出版社 2007 年版。

严昌洪：《西俗东渐记——中国近代社会风俗的演变》，湖南出版社 1991 年版。

杨树群：《老昆明风情录》，云南民族出版社 2006 年版。

杨毓才：《云南各民族经济发展史》，云南民族出版社 1989 年版。

尤中：《云南地方沿革史》，云南人民出版社 1990 年版。

余英时：《士与中国文化》，上海人民出版社 2003 年版。

云南省档案馆编：《近代云南人口史料》（1909—1982）（内部发行）第 2 辑上，1987 年版。

云南省档案馆编：《清末民初的云南社会》，云南人民出版社 2005 年版。

云南省交通厅云南公路史志编写委员会云南公路史编写组：《云南公路史》（第一册），国际文化出版公司 1989 年版。

张桥贵：《独龙族文化史》，云南民族出版社 2000 年版。

章开沅：《离异与回归——传统文化与近代文化关系试析》，湖南出版社 1998 年版。

章开沅：《中国近代史上的官绅商学》，湖北人民出版社 2000 年版。

郑仓元、陈立旭：《社会风气论》，浙江人民出版社 1996 年版。

中国人民政治协商会议西南地区文史资料协作会议编：《抗战时期内迁西南的工商企业》，云南人民出版社 1989 年版。

周文林主编：《历史的凝眸：清末民初昆明社会风貌摄影记实：1896—1925》，云南美术出版社 2000 年版。

周晓红：《现代社会心理学——多维视野中的社会行为研究》，上海人民出版社 1997 年版。

周智生：《商人与近代中国西南边疆社会：以滇西北为中心》，中国社会科学出版社 2006 年版。

朱英：《转型时期的社会与国家——以近代中国商会为主体的历史透视》，华中师范大学出版社 1997 年版。

三　译著

［德］卡尔·曼海姆：《意识形态与乌托邦》，黎鸣、李书崇译，商务印书馆 2000 年版。

［法］保尔·芒图：《十八世纪产业革命：英国近代大工业初期的概况》，杨人楩、陈希秦、吴绪译，商务印书馆 1983 年版。

［法］布罗代尔：《资本主义论丛》，顾良，张慧君译，中央编译出版社 1997 年版。

［法］费尔南·布罗代尔：《15 至 18 世纪的物质文明、经济和资本主义》，顾良、施康强译，三联书店 1992 年版。

〔法〕亨利·奥尔良：《云南游记：从东京湾到印度》，龙云译，云南人民出版社 2001 年版。

〔法〕孟德斯鸠：《论法的精神》（上册），张雁深译，商务印书馆 1961 年版。

〔加〕宝森著：《中国妇女与农村发展——云南禄村六十年的变迁》，胡玉坤译，江苏人民出版社 2005 年版。

〔美〕贾恩弗兰科·波齐：《近代国家的发展：社会学导论》，沈汉译，商务印书馆 1997 年版。

〔美〕费维凯：《中国早期工业化》，虞和平译，中国社会科学出版社 1990 年版。

〔美〕费正清：《伟大的中国革命（1800—1985 年）》，刘尊棋译，世界知识出版社 1999 年版。

〔美〕费正清、刘广京编：《剑桥中国晚清史》（上），中国社会科学院历史研究所编译室译，中国社会科学出版社 1985 年版。

〔美〕亨廷顿：《变化社会中的政治秩序》，王冠华等译，上海人民出版社 2008 年版。

〔英〕H. R. 戴维斯：《云南：联结印度和扬子江的锁链》，李安泰、和少英等译，云南教育出版社 2000 年版。

四　论文（按作者拼音顺序排列）

车辚：《滇越铁路与近代云南社会观念变迁》，《云南师范大学学报》（哲学社会科学版）2007 年第 3 期。

邓娟：《试论民国时期社会风尚的变化及其特点》，《今日南国》2008 年第 8 期。

段志强、李江涛：《论社会风气》，《安徽大学学报》（哲学社会科学版）1985 年第 1 期。

范小方、张笃勤：《汉口商业发展与社会风尚演化》，《中南财经政法大学学报》1988 年第 4 期。

何梓焜：《社会风气的特性与功能》，《现代哲学》1992 年第 1 期。

胡大泽、张轶楠：《论辛亥革命前后社会风尚的急剧变化》，《重庆教育学院学报》2006 年第 5 期。

胡绳武、程为坤：《民初社会风尚的演变》，《近代史研究》1986 年第 4 期。

李长莉：《十九世纪中叶上海租界社会风尚与民间生活伦理》，《学术月刊》1995 年第 3 期。

吕志毅：《唐继尧的治滇"善政"》，《云南档案》2008 年第 4 期。

罗玲：《民国时期南京的社会风尚》，《民国档案》1997 年第 3 期。

马世雯：《清末以来云南蒙自与蛮耗口岸的兴衰》，《云南民族学院学报》（哲学社会科学版）1998 年第 2 期。

施由明：《清代江西社会风尚》，《江西社会科学》1989 年专辑。

孙宏年：《试论民初江苏社会风尚的变迁》，《江海学刊》1999 年第 4 期。

孙燕京：《略论晚清北京社会风尚的变化及其特点》，《北京社会科学》2003 年第 4 期。

田龄：《德占时期青岛社会风尚的变迁》，《历史教学》（高校版）2007 年第 8 期。

王丽云：《留学生与云南教育近代化》，《徐州师范大学学报》（哲学社会科学版）2009 年第 3 期。

吴家清、杨远宏：《"社会风气"应纳入历史唯物主义范畴体系》，《华中师范大学学报》1989 年第 6 期。

许纪霖：《近代中国变迁中的社会群体》，《社会科学研究》1992 年第 3 期。

杨殿通、战勇、郑仓元：《略论社会风气》，《科学社会主义》1991 年第 4 期。

殷俊玲：《清代晋中奢靡之风述论》，《清史研究》2005 年第 1 期。

张敏：《试论晚清上海服饰风尚与社会变迁》，《史林》1999 年第 1 期。

张晓红、郑召利：《明清时期陕西商品经济的发展与社会风尚的嬗递》，《中国社会经济史研究》1999 年第 3 期。

郑仓元：《论社会风气和风俗习惯的差异性》，《中共浙江省委党校学报》1997 年第 4 期。

郑维宽：《清代民国时期四川社会风气演变的过程及特点》，《成都大学学报》（社会科学版）2004 年第 4 期。

周立英：《从〈云南〉、〈滇话〉看晚清云南留日学生的近代思想》，《云南民族大学学报》（哲学社会科学版）2007 年第 4 期。

周湘：《清代尚裘之风及其南渐》，《中山大学学报》（社会科学版）2005 年第 1 期。

朱力：《社会风尚的理论蕴含》《学术交流》1998 年第 4 期。

五　学位论文

[1] 阿志伟：《北朝社会风尚诸问题研究》，吉林大学博士学位论文，2009 年。

[2] 马廷中：《云南民国时期民族教育研究》，中央民族大

学博士学位论文，2004年。

　　〔3〕薄井由：《清末民初云南商业地理初探——以东亚同文书院大旅行调查报告为中心的研究》，复旦大学博士学位论文，2003年。

后 记

本书是在我博士论文研究的基础上，历经一年左右的时间修改而成。

在拙著即将付梓之时，首先要衷心感谢导师陈征平教授，我的论文从选题到提纲的拟定、从开始写作到最后定稿、从论点的提出到文字的斟酌都凝聚着导师的心血和汗水，在此深表感谢。恩师严谨的治学精神令我一直崇拜，为人的正直更使我由衷敬佩，在学四年，无论是在学习还是为人方面我都受惠良多。

感谢林文勋教授、吴晓亮教授、潘先林教授、王文成研究员及郭亚非教授在论文答辩中提出的宝贵意见，使我获益匪浅。我的硕士导师杨志玲教授一直以来的关心、帮助和鼓励使我时时心生感动，给了我前行的莫大动力。王文光教授、廖国强副主编、卢云昆主编也给予我悉心指教。还有毛立红学弟以及云南省档案馆的蒋一红老师在我博士论文搜集资料过程中给予了很大帮助，学妹苗艳丽凡遇有关我论文的资料即打电话或发短信告知，尤其令我不能忘记的是那次在我思路限于困境而又焦虑不安时她撇下年幼的孩子赶来学校与我商讨整整一上午的情景，在此一并奉上我真挚的谢意。

感谢云南大学人文学院的丁苑秋、赵永忠、张轲风、谢蔚等老师的帮助，感谢云南大学马列部任新民教授、蒋红教授、张巨成教授、杨慕琪老师、钟金雁同窗、袁群博士、孙琳学姐等诸位领导及同事在平时的学习、工作和生活中给予的关心与支持，对他们的深情厚谊，我将永远铭记。还有很多同学、朋友都在不同的时期以不同的方式给予我很多帮助，诸多关切，难以言表。

感谢父母对我的默默支持，在我写论文最紧张的日子里适逢他们来昆，对于我的疏于照顾他们给予了极大的理解和宽容。感谢我的先生，是他在我身心疲惫时不断的安慰和鼓励，支撑着我坚强地前行。

中国社会科学出版社的张林同志为本书的出版付出了大量的心血和劳动，在此一并致以诚挚的谢意。

今天如同一年前论文完稿时的感觉：兴奋却又忐忑不安，因为自己学力浅薄，文中一些问题的思考和论述仍未臻成熟，也定有不少缺点和不足，恳请各位专家同行和广大读者朋友批评指正。

盛美真

2011 年 5 月 1 日于云南昆明